普通高等教育"十二五"规划教材

量子元胞自动机

蔡 理 杨晓阔 刘保军 著

科学出版社

北 京

内 容 简 介

本书以作者所在的微纳电子器件研究团队多年的研究成果为基础，用专业的视角和通俗的语言系统阐述了量子元胞自动机这一新器件的原理，以及由该器件构成电路的应用和可靠性问题。全书共 8 章，内容主要包括：量子元胞自动机的发展、应用和基础理论、量子元胞自动机电路结构及其缺陷、量子元胞自动机可编程阵列、量子元胞自动机电路的可靠性、量子元胞自动机数据读出接口和时钟电路、量子元胞自动机实验制备等。

本书特点是内容简明扼要、研究论述条理清楚，既系统叙述了量子元胞自动机场耦合计算器件的基础知识，又深入涵盖了这些器件和电路的实际应用，是一本非电荷基纳电子器件方面实用性较强的读物。

本书可作为从事纳电子学、纳电子器件和相关领域的科研人员、工程师及高校教师的参考书，也可作为高等院校电子科学与技术、微电子学、应用物理、电子工程等有关专业的各层次研究生系统学习场耦合计算器件的基础教材，以及本科高年级学生相关专业选修教材，还可作为刚刚步入这一领域的研究人员的参考书。

图书在版编目 (CIP) 数据

量子元胞自动机/蔡理，杨晓阔，刘保军著. —北京：科学出版社，2015.10

普通高等教育"十二五"规划教材

ISBN 978-7-03-045825-4

Ⅰ．①量…　Ⅱ．①蔡…　②杨…　③刘…　Ⅲ．①自动机－高等学校－教材　Ⅳ．①TP23

中国版本图书馆 CIP 数据核字 (2015) 第 229116 号

责任编辑：潘斯斯　张丽花 / 责任校对：郭瑞芝
责任印制：徐晓晨 / 封面设计：迷底书装

科 学 出 版 社 出版

北京东黄城根北街 16 号
邮政编码：100717
http://www.sciencep.com

北京九州迅驰传媒文化有限公司 印刷
科学出版社发行　各地新华书店经销

*

2015 年 10 月第 一 版　　开本：720×1 000 B5
2018 年 5 月第三次印刷　　印张：13 1/2　彩插：8
字数：270 000

定价：88.00 元

（如有印装质量问题，我社负责调换）

前　言

　　量子元胞自动机是一种新兴非电荷基的场耦合计算器件，由于这种器件是以场耦合计算为机理的，所以具有无引线集成的特征，因此使其在过去的 20 多年中得到了巨大的发展。纳电子学已经成为 21 世纪前沿纳米科学的重要领域之一，其对电子工业和集成电路产业发展所产生的潜在影响，已经成为全球关注的焦点。在纳电子学的发展过程中，出现了一些结构独特、性能优越的纳电子器件，量子元胞自动机就是其中之一。

　　量子元胞自动机的概念自从 1993 年由美国科学家 Lent 等提出后，经历了快速的发展。量子元胞自动机受到广泛关注的一个重要原因是其独特的工作机理，它不再通过电压或电流，而是通过相邻器件的场耦合作用来处理信息，即量子元胞自动机器件通过无线连接方式进行工作，工作时消耗的能量极低。这对于解决现代 CMOS 集成电路面临的互连及功耗问题是一个巨大的福音，故量子元胞自动机被认为是实现下一代集成电路强有力的候选器件。量子元胞自动机主要分为两类，即电场耦合型和磁场耦合型，本书均有详细讨论。

　　作者所在的微纳电子器件研究课题组在国家自然科学基金和"863"计划等国家级项目的资助下，长期从事量子元胞自动机的理论及应用研究工作，积累了大量的研究数据。作者以这些数据和成果为基础，结合国内外关于量子元胞自动机研究的最新进展，完成了本书。与其他许多关于新兴纳电子器件方面的书籍不同，本书重在从电路实现及器件可靠性角度来探究量子元胞自动机这种独特工作机理的电子器件，在为集成电路科技人员勾画出一幅器件应用蓝图的同时，也向读者提供了一些应用该器件设计电路时的参考准则和结论。

　　全书共 8 章，第 1 章对量子元胞自动机的发展和应用进行了总体介绍；第 2 章介绍了量子元胞自动机的工作机理、仿真及制备方法等；第 3 章介绍了量子元胞自动机电路结构；第 4 章研究了量子元胞自动机电路的缺陷；第 5 章讨论了量子元胞自动机可编程阵列结构；第 6 章介绍了量子元胞自动机电路的可靠性研究成果；第 7 章介绍了量子元胞自动机的数据读出接口和时钟电路；第 8 章探讨了量子元胞自动机实验制备。

　　参与本书部分编写工作的还有崔焕卿和张明亮博士生、汪志春硕士。感谢黄宏图博士生、陈祥叶和李政操硕士的研究工作对本书出版所作出的贡献。感谢康强副教授对本书的润色和审校所做的工作。

　　在本书出版之际，作者要衷心感谢国家自然科学基金项目（No.61172043，

61302022，11405270）和陕西省自然科学基础研究计划重点项目（No.2011JZ105）多年来对本课题组的资助，使我们能够毫无顾忌、心无旁骛地在纳电子学这一前沿领域自由地遨游和探索。还要感谢科学出版社高教工科分社的匡敏社长、潘斯斯、张丽花编辑，从本书的选题策划到出版都付出了大量的时间和精力。

　　为了能够系统、准确地反映量子元胞自动机的研究现状，本书在编写过程中引用了大量国内外同行的文献、著作和研究成果，在此一并表示最诚挚的感谢！

　　纳电子学的发展日新月异，量子元胞自动机也不例外。虽然作者尽了最大努力，但限于水平和时间，书中难免存在不妥之处，恳请各位读者批评指正。

作　者

2015 年 4 月

目　　录

典型图片展示

第 1 章 绪 论

1.1 引 言

微电子技术的发展遵循著名"摩尔定律"已 50 年，随着 CMOS (Complementary Metal Oxide Semiconductor) 器件特征尺寸的缩小以及工艺技术的进步，微电子集成电路的发展已经进入纳米级时代。然而，纳米 CMOS 却面临着尺寸缩小带来的功耗、量子效应和散热等严重问题[1]，而这些问题不能够通过提高传统的 CMOS 工艺简单地加以解决。因此，下一代小尺寸和低功耗的新机理纳电子器件应运而生，它们包括量子点器件、单电子器件、碳纳米管器件、自旋器件和分子器件等[2,3]。

在这些新兴纳电子器件中，量子点器件中的量子元胞自动机 (Quantum-dot Cellular Automata, QCA)[4] 由于其独特的设计和实现理念得到了研究者广泛的关注。QCA 与 CMOS 及其他新兴器件不同，它不再是通过电压或电流而是通过邻近器件的磁场或库仑耦合作用来传递和处理信息。QCA 器件有着独特的工作机理，它以非晶体管和无线互连方式进行工作，是实现下一代集成电路强有力的候选器件。同时，它还可以进行量子计算[4,5]。这些诱人的应用前景使得 QCA 的研究具有非常重要的科学意义。同时，QCA 的研究也具有重要的军事应用价值，如以下几个方面。

(1) QCA 可用于实现军事通信自治传感器无线网络。目前国内外正在试验用一种多铁性材料作为量子元胞自动机与磁性金属层的电介质[6]。在这种工作方式下，仅加一个极其微弱的电压到该材料的压电层，量子元胞自动机电路就会开关(实现信息处理和传递)，没有电流。因功耗极低，约 18meV 就可完成一位操作。关键场所的军用自治传感器无线网络(用于情报侦察和声音检测)包括上千个结点，每一个结点都带有若干传感器和双向通信能力。由于磁耦合量子元胞自动机器件的极低功耗和微弱电压驱动特性，保证了 QCA 军事通信自治传感器无线网络的任一信息感知结点只需电池就可维持相当长的时间，便于携带和维护。

(2) QCA 可用作制造临近空间抗辐射片上系统(System-on-Chip, SoC)。临近空间存在大量的高能粒子(如中子)辐射，传统的 CMOS 器件由于采用电子电荷来编码信息，飞行器中的 CMOS 结构在遭受到大量空间高能粒子辐射后发生瞬间电荷收集，诱发了严重的单粒子效应，导致电路发生逻辑错误甚至烧毁，严重影响空间信息处理和数据传递。因此，可靠的空间信息处理迫切需要抗辐射的电子器件和电路等硬件，而磁耦合的量子元胞自动机器件为实现这样的抗辐射系统提供了一种重要的途径。该器件采用自旋量而非电子电荷来编码和处理逻辑信息，避免了空间高能粒子辐射在传统 CMOS 器件上引发的电荷收集和逻辑误翻转效应[7]。同时，它还拥有极宽的工作温度范围和天然非易失性等优点。

总之，未来战争仍将以电子信息战为主，而纳电子技术无疑是电子信息战的制高点。应用了纳米技术的各种微型飞行器可携带各种探测设备，具有小型 GPS 接收导航和通信能力[8]。QCA 在武器系统上的应用将使武器装备的体积、重量和功耗成千倍地减小，同时使其信息传输和处理能力以及智能化水平大大提高。

本书将对 QCA 基本电路的缺陷和转换可靠性，以及其耦合功能结构(本书中的耦合功能结构是指由 QCA 器件通过场作用耦合排列在一起形成的功能模块、存储单元和计算处理电路等)的实现进行深入的探讨，意在为相关领域学者提供一个深入交流、发展的平台，同时书中所获结果也可为不久后 QCA 器件在军事信息处理电路中的广泛应用奠定坚实的理论基础。

1.2　量子元胞自动机

1.2.1　发展历程

1993 年，美国圣母玛利亚大学(University of Notre Dame)的科学家 Lent 等首次提出了用四个铝量子点和隧道结实现 QCA 器件的概念[9]。1997 年，该研究小组通过在氧化硅片上采用电子束平板印刷术(Electron Beam Lithography，EBL)和阴影蒸发技术(Shadow Evaporation Technique，SET)形成 Al-AlO$_x$-Al 隧道结，在实验室成功实现了第一个功能性 QCA 元胞[10]。随着隧道结 QCA 器件的不断研究和发展，最近几年又出现了不同类型的 QCA 器件。

总体来说，取决于局部物理耦合场的不同，QCA 主要分为两类：电性量子元胞自动机(Electronic QCA，EQCA)和磁性量子元胞自动机(Magnetic QCA，MQCA)。需要指明的是，EQCA 是 QCA 这种无电流和场作用器件的原型，而 MQCA 是近几年才发展起来的 QCA 的一种不同实现方式。在 2011 年的《国际半导体技术路线图》(International Technology Roadmap for Semiconductors，ITRS)报告中，MQCA 这个术语被称为纳米磁性逻辑(Nano-Magnet Logic，NML)，即磁性元胞自动机或纳磁体实现的逻辑结构。本书为了统一，仍采用 MQCA 这个概念。两种 QCA 器件的计算原理均可简单形象地表述为：改变某一阵列中输入元胞的逻辑状态，则后续元胞由于场相互作用就要依次转换(转换是一个非常复杂的过程)自己的状态以使整个系统能量最低或实现取向一致，从而输入元胞的信息可通过 QCA 阵列传递到输出元胞[11,12]。

为了实现能够在室温下有效工作的 QCA 器件，研究人员不断探索 QCA 新的实现方案和途径，并取得两大突破。

第一个突破：近来不同研究小组提出的室温 EQCA。其中分子 EQCA 以分子量子点[13,14]为基本组成单元，通过材料结构的变化，实现了对 EQCA 室温开关操作和时钟控制。分子 EQCA 尺寸极小，易于自组装方式实现。

2009 年，加拿大的 Wolkow 领导的研究小组首次通过实验观察到原子级零维实体的隧穿耦合[15]：硅晶格表面的硅原子摇摆键。由于极强的电荷局域化特征，这些摇摆键可用作量子点实现 EQCA 元胞，如图 1.1 所示。摇摆键内的电荷和隧穿耦合行为在室温下可被控制，从而为室温半导体 QCA 的实现提供了更有效的途径。2011 年，Wang 等提出了石墨烯量子点 EQCA 的概念[16]，并建立了理论模型。注意尽管分子 EQCA 的室温操作取得了明显进展，但大部分实验是针对元胞级操作，如何有效制备出含有大量室温分子 EQCA 元胞的电路还需工艺方面的进步。

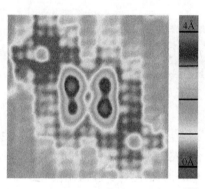

图 1.1　硅原子摇摆键 EQCA 元胞[13]

第二个突破：近来 MQCA 的实验实现。英国剑桥大学纳米科学实验室的 Cowburn[17,18]和圣母玛利亚大学的 Porod[19]等提出的单畴纳磁体铁磁和反铁磁耦合器件。这种基于磁偶极子耦合的结构具有转换方便和易于在二元信息处理中应用的特点，这是因为拉长的单畴纳磁体形状各向异性可呈现出双稳态。MQCA 器件可提供非易失性特征和更高的集成密度。

1.2.2　研究现状

1. QCA 电路研究

由于 QCA 取得的两大突破，国际学者广泛研究了 QCA 器件的开关转换以及进行新的电路结构设计和信息处理应用。QCA 具有两个独特特征：器件本身也是互连线和时钟场的驱动操作。因而对于 QCA 其电路结构设计和传统的 CMOS 完全不同，这方面的研究以对 EQCA 组合电路结构和电平触发时序电路结构的设计为代表。详细来说，Gladshtein 等研究了 EQCA 十进制加法器的设计[20]；Mardiris 等设计了 EQCA 通用元胞自动机单元和数据选择器[21]；文献[22]报道了 EQCA 计算结构的设计，利用传统四相位时钟和多层交叉结构设计了小区域和低延迟前瞻进位加法器、进位延迟乘法器和串并乘法器电路。时序电路结构方面，韩国 LG 电子 Choi 等研究了 EQCA RS 锁存器[23]的设计；Walus 等设计了 EQCA 并行闭环存储单元[24]。

近来工作也报道了利用 MQCA 来实现逻辑结构的工作，如 Nikonov 和 Carlton 等研究了全局时钟 MQCA 与非门和或非门等逻辑结构的构建[25,26]；Graziano 等研究了 MQCA 基准电路 NCL TH22 的设计并给出了一种设计 MQCA 结构的四步法（自下向上，底层到顶层）[27]。文献[28,29]为对 MQCA 扇出以及共面线交叉结构的实验实现进行的基本探索。需要指明的是，MQCA 具有诸如极低功耗、室温可操作性、天然非易失性和辐射不敏感等优点，因而它是将来的一个重要研究方向。更多相关工作的综述可参考文献[12]。

国内对于 QCA 的研究较晚，但也取得了阶段性的成果。中国科学院半导体所汪艳贞制造出了镜像电荷效应 EQCA 器件[30]；南京大学的 Wang 等首次提出了双笼氟化的富勒烯（$e^-@C_{20}F_{18}(XH)_2C_{20}F_{18}(X=N,B)$）分子 EQCA 器件[31]，该分子能够将一个额外的电子限制在单个笼子中，实现了 EQCA 的功能；宁波大学夏银水等设计了不同位长 EQCA 数值比较器，模拟结果表明所设计的电路具有正确的逻辑功能[32]；中国科学院 Kong 等研究了任意三变量布尔函数的 EQCA 择多逻辑综合优化，提出了一种布尔网络的有效分解方案[33]，该方法可以去除转化分解整个网络到择多网络单元时形成的冗余；文献[34]设计了三变量通用阈值逻辑门电路。本书课题组提出了多种 EQCA 电路，如下降边沿 JK 触发器、双边沿 D 触发器、计数器以及存储电路[11,35]。

2. QCA 缺陷研究

Momenzadeh 等最早研究了元胞平行移位缺陷对 EQCA 择多逻辑门的影响[36]；Dai 等定量研究了 EQCA 逻辑门中元胞平行移位缺陷对电路可靠性的影响[37]；Crocker 等研究了 EQCA 元胞平行移位效应并采用映射图方法分析了一个可编程逻辑阵列单元中的缺陷[38]；Dysart 等采用 N 模冗余结构研究了如何提高 EQCA 电路结构的可靠性[39]。Carlton 等采用辅助纳磁体模块和二轴各向异性研究了 MQCA 与非门逻辑电路的可靠转换[26]；Bandyopadhyay 等综述指出 MQCA 器件和阵列中存在磁场时钟误放或偏移等缺陷[40]。Niemier 等通过理论和实验研究了 MQCA 制造过程中出现的纳磁休形状不规则、边缘不平整和边缘凸出等缺陷[41]。目前，MQCA 可靠性以及功能结构实现的研究还处于起步阶段。更多相关工作的综述可参考文献[11,12]。

1.3 量子元胞自动机的应用

1.3.1 无线集成电路

QCA 最振奋人心的一个应用就是可以构建无引线集成的逻辑电路及空间抗辐射功能组件，这在当前电子器件特征尺寸不断缩小的前提下显得非常重要。图 1.2 所示为采用磁性 QCA 构建的无线片上集成电路[42]。从图中可见，通过纳磁体间的有序排列，实现了具有特定功能的电路组件，然而这些纳磁体间并没有导线连接。从而大大节约了该电路组件的版图面积，同时也降低了功耗。这也是基于磁偶极子耦合作用的 QCA 器件的重要优势。

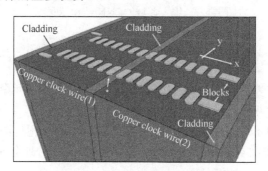

图 1.2 QCA 无线片上集成电路的示意图[42]

1.3.2 细胞神经网络

无论是电性还是磁性 QCA 器件，都可以按一定规则耦合成细胞神经网络结构，称为量子细胞神经网络(Quantum Cellular Neural Network，QCNN)[43,44]或磁性元胞非线性网络(Magnetic Cellular Nonlinear Network，MCNN)[45]。QCA 细胞神经网络的结构同传统 CNN 的结构相类似，元胞只与其邻近元胞相连接，但这种连接不再是传统 CNN 中通过导线相连接而是通过场相互作用来连接。图 1.3 给出了一个二维 5×5 的(电性)QCNN 的结构示意图。

图 1.3 中，方块表示电性 QCA 元胞，每个电性 QCA 元胞与周围元胞通过场相互作用。由于电性 QCA 元胞通过库仑作用不仅能与它直接相邻的元胞进行连接，还能与更远范围的元胞进行连接。因此通过元胞与周围元胞的作用范围可定义 QCNN 的邻域。若 r 表示 QCNN 中电性 QCA 元胞的作用范围，对于一个 M 行 N 列的 QCNN 阵列，第 i 行第 j 列的元胞 $C(i, j)$ 的邻域(即所有与元胞 $C(i, j)$ 有相互作用的元胞)可定义为

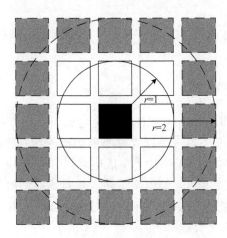

图 1.3　二维大邻域 QCNN 结构示意图

$$N_r(i,j) = \left\{ C(k,l) \,\middle|\, \max\left(|i-k|,|j-l|\right) \leqslant r, \ 1 \leqslant k \leqslant M; \ 1 \leqslant l \leqslant N; \ r \geqslant 1 \right\} \quad (1.1)$$

图 1.3 给出了大邻域 $(r>1)$ QCNN 的结构图，$r=1$ 表示单邻域的 QCNN，即中心元胞(图中黑色方块表示)仅与周围 8 个元胞有相互作用。$r=2$ 表示两倍领域的 QCNN，即中心元胞不仅与周围的 8 个元胞有相互作用，还与图中所示为灰色的 16 个元胞相互作用。依次类推，当 $r=n$ 时，共有 $[(2n+1)^2 -1]$ 个元胞与中心元胞相互作用(不考虑边界条件的情况)。

1.3.3　量子计算机

过去的 20 多年，量子计算的研究引起了学者浓厚的兴趣，这是因为基于量子力学原理的计算机在许多方面(如大数分解、搜索等)拥有比经典数字计算机更好的性能，QCA 就是量子计算机的一种可能物理实现方式。

与经典计算应用中的 QCA 元胞大都被完全极化不同，量子计算中的 QCA 元胞未被完全极化[5]。它们是基本态 $P = +1$ 和 $P = -1$ 的重叠。同样地，量子计算中的元胞线也是多量子位乘积态的重叠。量子计算的另一个特征是其从概念上需要相干 (coherence)进行正确的操作(在真实的系统中，去相干一直存在，因而其影响必须通过纠错进行规避)。含有 N 个量子位的量子寄存器如图 1.4 所示。

图 1.4 中，隧穿能 γ_j 由外部电极设定，用于降低或升高第 j 个元胞的内部点势垒。每个元胞通过库仑作用耦合到其左边或右边的邻接元胞以及偏置电极。$P_{\text{bias},j}$ 也由外部设定，因而这些 $P_{\text{bias},j}$ 和 γ_j 均成为量子寄存器的输入。

在量子寄存器中执行一个程序/任务分为三步：写入初态，运行算法，读出终态。

初态可通过设定偏置为 $\left| P_{\mathrm{bias},j} \right| \gg 1$ 装进寄存器，然后等待其迁入基态。如果 $\left| P_{\mathrm{bias},j} \right| \gg 1$（$\left| P_{\mathrm{bias},j} \right| \ll -1$），则元胞被强制转为 $P = +1(P = -1)$。算法的执行是通过对元胞电极应用一系列脉冲实现的。最后的状态可通过对检测有无电子足够敏感的静电计读出（如单电子器件）。更多关于量子计算的知识可参考文献[5]。

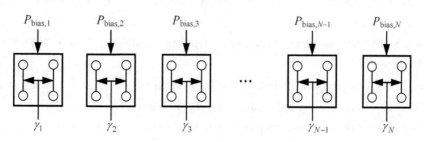

图 1.4　含有 N 个量子位的量子寄存器
每个元胞有 $P_{\mathrm{bias},j}$ 和 γ_j 两个输入

需要指出的是，与核子和电子自旋相比，用电性 QCA 器件来实现量子计算机的重要不足是其去相干时间较短。

参 考 文 献

[1] Bernstein K, Cavin R K, Porod W, et al. Device and architecture outlook for beyond CMOS switches [J]. Proc. IEEE, 2010, 98(12): 2169-2184.

[2] 王阳元. 21 世纪硅微电子技术发展的主要趋势和方向[J]. 中国集成电路, 2003, 47: 84-90.

[3] 蔡理. 纳电子器件及其应用[M]. 北京: 电子工业出版社, 2009.

[4] Lent C S, Tougaw P D. A device architecture for computing with quantum dots[J]. Proc. IEEE, 1997, 85(4): 541-557.

[5] Tóth G, Lent C S. Quantum computing with quantum-dot cellular automata[J]. Physical Review A, 2001, 63(2): 052315-1~9.

[6] Roy K, Bandyopadhyay S, Atulasimha J. Hybrid spintronics and straintronics: a magnetic technology for ultra low energy computing and signal processing[J]. Appl. Phys. Lett., 2011, 99(6): 063108-1~3.

[7] International Technology Roadmap for Semiconductors 2013[R]. http://www.itrs.net.

[8] 杜晋军, 李俊, 洪海丽, 等. 纳米电子器件的研究进展与军事应用前景[J]. 装备指挥技术学院学报, 2004, 15(4): 86-89.

[9] Lent C S, Tougaw P D, Porod W, et al. Quantum cellular automata[J]. Nanotechnology, 1993, 4(1): 49-57.

[10] Orlov A O, Amlani I, Bernstein G H, et al. Realization of a functional cell for quantum-dot cellular automata [J]. Science, 1997, 277(5328): 928-930.

[11] 杨晓阔. 量子元胞自动机可靠性和耦合功能结构实现研究[D]. 西安: 空军工程大学博士学位论文, 2012. 06.

[12] 杨晓阔, 蔡理, 李政操, 等. 量子元胞自动机器件和电路的研究进展[J]. 微纳电子技术, 2011, 48(12): 754-760.

[13] Lent C S. Molecular electronics-bypassing the transistor paradigm[J]. Science, 2000, 288(5523): 1597-1599.

[14] Jiao J, Long G, Grandjean F, et al. Building blocks for the molecular expression of quantum cellular automata. Isolation and characterization of a covalently bonded square array of two ferrocenium and two ferrocene complexes[J]. J. Am. Chem. Soc., 2003, 125(8): 1522-1523.

[15] Haider M B, Pitters J L, DiLabio G A, et al. Controlled coupling and occupation of silicon atomic quantum dots at room temperature[J]. Phys. Rev. Lett., 2009, 102(4): 046805-1~4.

[16] Wang Z F, Liu F. Nanopatterned graphene quantum dots as building blocks for quantum cellular automata [J]. Nanoscale, 2011, 3(10): 4201-4205.

[17] Cowburn R P. Probing antiferromagnetic coupling between nanomagnets[J]. Phys. Rev. B, 2002, 65(9): 092409-1~4.

[18] Cowburn R P. Spintronics: change of direction[J]. Nature Materials, 2007, 6(4): 255-256.

[19] Imre A, Csaba G, Ji L L, et al. Majority logic gate for magnetic quantum-dot cellular automata[J]. Science, 2006, 311(5758): 205-208.

[20] Gladshtein M. Quantum-dot cellular automata serial decimal adder[J]. IEEE Trans. Nanotechnol., 2011, 10(6): 1377-1382.

[21] Mardiris V A, Karafyllidis I G. Universal cellular automaton cell using quantum cellular automata[J]. Electron. Lett., 2009, 45(12): 803-804.

[22] Cho H, Swartzlander E E. Adder designs and analyses for quantum-dot cellular automata[J]. IEEE Trans. Nanotechnol., 2007, 6(3): 374-383.

[23] Choi M, Patitz Z, Jin B, et al. Designing layout-timing independent quantum-dot cellular automata (QCA)circuits by global asynchrony [J]. J. Syst. Archit., 2007, 53(3): 551-567.

[24] Walus K, Jullien G A. Design tools for an emerging SoC technology: quantum-dot cellular automata [J]. Proc. IEEE, 2006, 94(6): 1225-1244.

[25] Nikonov D E, Bourianoff G I, Gargini P A. Suitability for digital logic and scaling of atomistic magnetic QCA[A]. Proceedings of International Conference on Device Research[C], 2008: 163-164.

[26] Carlton D B, Emley N C, Tuchfeld E, et al. Simulation studies of nanomagnet-based logic architecture[J]. Nano Lett., 2008, 8(12): 4173-4178.

[27] Graziano M, Vacca M, Chiolerio A, et al. An NCL-HDL snake-clock-based magnetic QCA architecture[J]. IEEE Trans. Nanotechnol., 2011, 10(5): 1141-1149.

[28] Varga E, Orlov A O, Niemier M, et al. Experimental demonstration of fanout for nanomagnetic logic [J]. IEEE Trans. Nanotechnol., 2010, 9(6): 668-670.

[29] Pulecio J F, Bhanja S. Magnetic cellular automata coplanar cross wire systems[J]. J. Appl. Phys., 2010, 107: 034308-1~5.

[30] 汪艳贞. 镜像电荷效应量子元胞自动机的制作方法[R]. 中国科学院半导体研究所, 国家科技成果数据库, 2008.

[31] Wang X Y, Ma J. Electron switch in the double-cage fluorinated fullerene anions, e$^-$@C$_{20}$F$_{18}$(XH)$_2$C$_{20}$F$_{18}$(X=N,B): new candidates for molecular quantum-dot cellular automata [J]. Phys. Chem. Chem. Phys., 2011, 13(11): 16134-16137.

[32] 夏银水, 裘科名. 基于量子细胞自动机的数值比较器设计[J]. 电子与信息学报, 2009, 31(6): 1517-1520.

[33] Kong K, Shang Y, Lu R Q. An optimized majority logic synthesis methodology for quantum-dot cellular automata[J]. IEEE Trans. Nanotechnol., 2010, 9(2): 170-183.

[34] 肖林荣, 陈偕雄, 应时彦. 基于量子细胞自动机的三变量通用阈值逻辑门电路实现[J]. 浙江大学学报(理学版), 2010, 37(5): 546-550.

[35] Yang X K, Cai L, Huang H T, et al. A comparative analysis and design of quantum-dot cellular automata memory cell architecture[J]. International Journal of Circuit Theory and Applications, 2012, 40(1): 93-103.

[36] Momenzadeh M, Huang J, Tahoori M, et al. On the evaluation of scaling of QCA devices in the presence of defects at manufacturing[J]. IEEE Trans. Nanotechnol., 2005, 4(6): 740-743.

[37] Dai J W, Wang L, Jain F. A quantitative approach for analysis of defect tolerance in QCA[A]. Proceedings of the IEEE International Conference on Nanotechnology[C], 2008: 903-906.

[38] Crocker M, Niemier M, Hu X S, et al. Molecular QCA design with chemically reasonable constraints [J]. ACM J. Emerging Technol. Comput. Syst., 2008, 4(2): 154-174.

[39] Dysart T J, Kogge P M. Reliability impact of N-modular redundancy in QCA [J]. IEEE Trans. Nanotechnol., 2011, 10(5): 1015-1022.

[40] Bandyopadhyay S, Cahay M. Electron spin for classical information processing: a brief survey of spin-based logic devices gates and circuits [J]. Nanotechnology, 2009, 20: 412001-1~35.

[41] Niemier M, Crocker M, Hu X S. Fabrication variations and defect tolerance for nanomagnet based QCA [A]. IEEE International Symposium on Defect and Fault Tolerance of VLSI Systems [C], 2008: 534-542.

[42] Alam M T, Kurtz S J, Siddiq M J, et al. On-chip clocking of nanomagnet logic lines and gates [J]. IEEE Trans. Nanotechnol., 2012, 11(2): 273-286.

[43]　Porod W, Lent C S, Tóth G, et al. Quantum-dot cellular nonlinear networks: Computing with locally-connected quantum dot arrays[A]. Proceedings of IEEE International Symposium on Circuits and Systems[C]. 1997, 745-748.

[44]　王森, 蔡理, 康强, 等. 二维量子细胞神经网络及其图像处理应用[J]. 固体电子学研究与进展, 2008, 28(3): 340-345.

[45]　Khitun A, Bao M Q, Wang K L. Magnetic cellular nonlinear network with spin wave bus for image processing[J]. Superlattices and Microstructures, 2010, 47(5): 464-483.

第 2 章　量子元胞自动机基础

元胞自动机(Cellular Automata, CA)最早是由 Von Neumann(冯·诺依曼)在 1940 年为模拟生物细胞的自我复制而提出的。它是一种用于模拟生物细胞活动、模拟计算机中并行处理等的离散模型。细胞自动机由许多细胞组成,每个细胞均处于一种有限状态,因此都有处理数据的能力,细胞的组合就可以演化成复杂的行为。1993 年,美国圣母玛利亚大学的 Lent 等提出了用铝量子点和氧化铝来实现上述概念,即量子点元胞自动机(Quantum-dot Cellular Automata, QCA)——这就是 QCA 的器件原型[1]。1997 年, Orlov 等成功地实现了第一个功能性 QCA 元胞[2]。

随着技术的发展,近来又出现了可在室温下工作的分子 QCA(Molecular QCA)器件和磁性 QCA(Magnetic QCA)器件[3,4]。为了清晰起见,本书按工作机理将基于库仑作用的 QCA 器件原型及室温分子 QCA 统称为电性 QCA(Electronic QCA, EQCA),而将基于磁耦合作用的扩展室温 QCA 器件称为磁性 QCA(MQCA)。

2.1　器件结构和时钟

2.1.1　四点电性 QCA 器件

电性 QCA(EQCA)有多种结构形式,单个元胞通常由四个、五个或六个量子点组成。但从纳米尺度领域制造的观点来看,除去中心量子点后的四量子点元胞更加可行。每一种结构形式均可作为 EQCA 数字逻辑电路的基本单元,它们的共同特点是都具有双稳态特性。四点 QCA 由四个量子点和两个额外的自由电子构成。四个量子点分别位于一个正方形的四个角上,电子可以在元胞内的相邻量子点之间隧穿,从而通过量子点间的势垒。但各元胞之间势垒很高,电子不能在元胞之间隧穿。

图 2.1 所示为四个单隧道结构成的环,环的角上是四个量子点,再注入额外的两个电子就构成了一个标准 QCA 元胞。图中空心圆圈为量子点,实心圆圈表示电子。由于库仑排斥作用,两个电子易于占据对角线上的量子点。这就产生了两种稳态配置,即元胞极化率 $P = -1$ 和 $P = +1$,分别代表二元逻辑 "0" 和逻辑 "1"。与传统的电子器件(如 CMOS)相比, QCA 具有以下优点。

(1)低功耗、高速。单个 QCA 元胞完成一次状态转换只需移动两个电子,而且

前基于晶体管或场效应管的数字逻辑电路利用电平的"高"和"低"(开关的"导通"和"截止")表示逻辑"0"和"1",完成一次电平转换至少需要移动 10000 个电子。因而 QCA 和 CMOS 以及其他需要移动大量电荷的器件相比,其功耗大大降低。另一方面,研究表明电性 QCA 的工作频率可达到太赫兹级[5]。

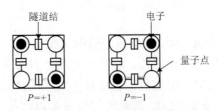

图 2.1 EQCA 器件

(2)信号传导无须导线。电性 QCA 元胞通过库仑作用改变相邻元胞的极化状态来完成计算,信息在元胞间的传递依靠库仑作用,没有导线连接,也没有电流流过。因此它不存在输出电流过小和寄生电容等问题,故它也是一种全新的计算和信息传输方式。

同时,无引线还可理解为:一方面它利用电荷的两种不同分布状态来表示二进制信息;另一方面通过库仑力相互作用来改变相邻细胞的极化状态,以实现信息的传递(不是用传统的电压或电流),从而做到无引线集成。

1. 单元胞哈密尔顿函数模型

对于孤立的 EQCA 元胞,当其稳态时,它的两个电子具有相反的自旋,可以用哈伯德型哈密尔顿函数[1](Hubbard-type Hamiltonian)来描述单个 EQCA 元胞。单个孤立元胞的哈密尔顿函数为

$$H_0^{cell} = \sum_{i,\sigma} E_0 n_{i,\sigma} + \sum_{i>j,\sigma} t_{i,j}(a_{i,\sigma}^+ a_{j,\sigma} + a_{j,\sigma}^+ a_{i,\sigma}) + \sum_i E_Q n_{i,\uparrow} n_{i,\downarrow} + \sum_{i>j,\sigma,\sigma'} V_Q \frac{n_{i,\sigma} n_{j,\sigma'}}{|r_i - r_j|} \quad (2.1)$$

式中,$a_{i,\sigma}^+$ $(a_{i,\sigma})$ 为产生(湮灭)算符,表示在位置 i 处产生(湮灭)一个自旋为 σ 的电子,$n_{i,\sigma} = a_{i,\sigma}^+ a_{i,\sigma}$ 表示在位置 i 电子自旋为 σ 的粒子数算符。式(2.1)右边第一项为单点能,其中假设 E_0 为能量零点;第二项描述元胞内最近邻量子点间的电子隧穿;第三项是哈伯德能;最后一项表示元胞内不同量子点间库仑相互作用能,其中 $V_Q = e^2/(4\pi\varepsilon_0\varepsilon_r)$,$r_i$ 和 r_j 分别为量子点 i 和 j 中心的位置。

定义元胞的极化率为

$$P = \frac{(\rho_1 + \rho_3) - (\rho_2 + \rho_4)}{\rho_1 + \rho_2 + \rho_3 + \rho_4} \quad (2.2)$$

式中，ρ_i 表示在位置 i 处电子平均电量，它可以通过计算位置 i 处的总粒子数算符 $n_i = n_{i,\uparrow} + n_{i,\downarrow}$ 的期望值得到。

$$\rho_i = -e \langle n_i \rangle \tag{2.3}$$

2. 多元胞耦合的相干矢量模型

由于 EQCA 中电子位于正方形元胞的四个角上，因而元胞间的库仑作用可用扭结能 E_{kink} 来描述，E_{kink} 是指两个相反极化率元胞与两个相同极化率元胞之间的静电能差[6]。假设两个相邻元胞的编号为 1(驱动元胞)和 2(响应元胞)，2 个四点元胞 M 和 N 电荷间的静电能为

$$E^{1,2} = \frac{1}{4\pi\varepsilon_0\varepsilon_r} \sum_{i=1}^{4} \sum_{j=1'}^{4'} \frac{q_i^1 q_j^2}{d_{ij}} \tag{2.4}$$

式中，ε_r 是相对介电常数，q_i^1 是元胞 1 量子点 i 的电荷，而 d_{ij} 表示元胞 1 中第 i 个点和元胞 2 中第 j 个点的距离。在计算出两元胞不同计划率组合态的静电能后，则扭结能可表示为

$$E_{kink}^{1,2} = E_{opposite\ polarization}^{1,2} - E_{same\ polarization}^{1,2} \tag{2.5}$$

在获得两个元胞间的扭结能 E_{kink} 后，响应元胞的极化率可用相干矢量形式方法计算，该方法包括热消耗和环境耦合效应，采用释放时间常数 τ 建模热消耗耦合。相干矢量形式方法是基于密度矩阵的方法[7]，相干矢量 $\lambda = (\lambda_x, \lambda_y, \lambda_z)^T$ 是元胞密度矩阵 ρ 的矢量表示，映射为单位和泡利旋转矩阵 σ_x、σ_y 和 σ_z 的基矢。通过泡利旋转矩阵和常数 τ 近似，相干矢量模型的表达式为

$$\hbar \frac{d}{dt} \lambda = \Omega\lambda - \frac{1}{\tau}(\lambda - \lambda_{ss}) \tag{2.6}$$

式中，右边第二项为热消耗和环境耦合效应，第一项为基本的相干矢量形式，且三维能量向量 Ω 为

$$\Omega = \begin{bmatrix} 0 & -E_{kink}^{1,2} P_1 & 0 \\ E_{kink}^{1,2} P_1 & 0 & 2\gamma \\ 0 & -2\gamma & 0 \end{bmatrix} \tag{2.7}$$

式中，P_1 是驱动元胞 1 的极化率，γ 代表时钟信号的强度或隧穿能。λ 的第三个分量代表元胞的极化率

$$P_2 = -\langle \hat{\sigma}_z \rangle = \lambda_z \tag{2.8}$$

在 EQCA 电路中，信息的表征和传递是由元胞极化率实现的，这要求 EQCA 元

胞必须具有双稳态的特性。在元胞 1 的极化率事先给定,不受元胞 2 影响的情况下,元胞 2 的极化率 P_2 在元胞 1 影响下的响应特性曲线[8,9]如图 2.2 所示。

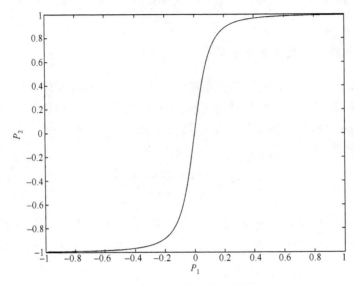

图 2.2　　元胞-元胞响应函数曲线

从图 2.2 可以看出,元胞 1 的一个很小的极化都将会导致元胞 2 很快地极化至两个稳定态,并能保持极化的方向,这类似于传统数字电路中的增益。而且这样在制造工艺中不规则引起的极化扰动能够由元胞响应的双稳态饱和效应所克服。元胞对其邻近元胞的影响是非线性的,且具有双稳态饱和效应的特性,这种双稳态饱和效应是 EQCA 应用于数字电路的基础。

3.　电性 QCA 的时钟信号

EQCA 电路中的时钟控制元胞数据的流动且对元胞起着驱动作用,还提供功率增益并减少功率耗散[6]。如图 2.3(a) 所示,EQCA 时钟信号包含四个相位,即转换、保持、释放和松弛[6],四个相邻状态之间有 90° 的相位延迟,如图 2.3(b) 所示。图 2.3(c) 所示为四个相位时钟信号作用于 EQCA 的过程示意图,图 2.3(c) 由左至右含义如下:在转换相位阶段,内部点势垒逐渐升高,由于邻近驱动元胞的影响目标元胞逐渐极化。在保持相位阶段,势垒保持为高因此目标元胞不改变其极性。在释放相位阶段,势垒逐渐降低,目标元胞逐渐失去极化。最后,在松弛相位阶段,内部点势垒保持为低因此目标元胞固定为非极化状态。

目前报道的 EQCA 时钟信号实现方法大致有两种:一种是通过 CMOS 线路[10]来实现;另一种是通过金属性单壁碳纳米管[11,12]来实现。CMOS 型的 EQCA 时钟模型如图 2.4 所示,图中 EQCA 元胞阵列位于 $x\text{-}z$ 平面(z 轴与纸面平行),时钟线位于

EQCA 元胞阵列的正下方且与 z 轴平行，可在制造时将其嵌入半导体工艺的金属层中，由 CMOS 时钟信号发生器产生时钟信号。计算时，时钟线中的时钟信号和 EQCA 元胞层上的金属导体形成时钟场，这些电场将对势垒能级产生影响，进而操作相应的 EQCA 元胞，使信号传递和逻辑计算可以准确进行。四个不同的时钟信号将 EQCA 电路分为四个不同的区域，相同区域中的元胞采用同一时钟信号线控制，其输出作为下一区域元胞的输入。

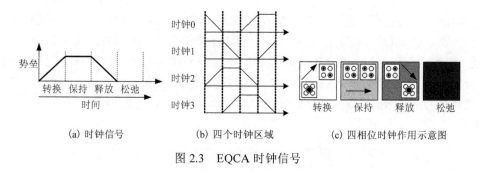

(a) 时钟信号　　　　　　(b) 四个时钟区域　　　　　　(c) 四相位时钟作用示意图

图 2.3　EQCA 时钟信号

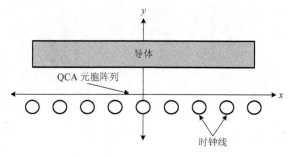

图 2.4　EQCA 时钟模型[10]

2.1.2　两点电性 QCA 器件

两点 EQCA 元胞类似半个四点 EQCA 元胞，它由两个量子点、一个隧道结和一个电子构成[13]。根据电子占据不同量子点的状态来表示二进制逻辑 "0" 和 "1"。如图 2.5 所示，定义当元胞竖直放置时，电子处于下方量子点时代表逻辑 "0"，电

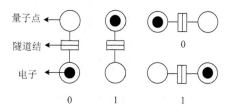

图 2.5　两点 EQCA 元胞结构

子处于上方量子点时代表逻辑"1";当元胞水平放置时,电子处于左边量子点时代表逻辑"0",电子处于右边量子点时代表逻辑"1"[14]。

2.1.3 磁性 QCA 器件

1. MQCA 器件模型

MQCA 的几何形状如图 2.6 所示,图中长轴为易磁化轴,短轴为难磁化轴。图 2.7 表示了 MQCA 逻辑值定义,在外部磁脉冲作用下,磁化方向向上和向下分别表示逻辑"1"和"0",沿难磁化轴朝右的磁化方向则为空态。纳磁体之间的偶极子耦合方式有垂直线方向的铁磁排序(Ferromagnetic Ordering,FO)和水平线方向的反铁磁排序(Antiferromagnetic Ordering,AFO)两种[15],如图 2.8 所示。

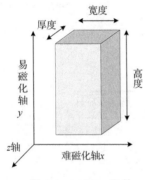

图 2.6　MQCA 器件

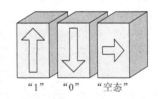

图 2.7　二元逻辑"1"和"0"的定义

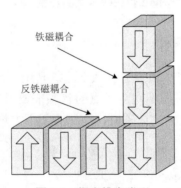

图 2.8　耦合排序类型

对于 MQCA 结构中的纳磁体,其磁化行为可用磁材料 Landau-Lifshitz-Gilbert (LLG)方程[16]近似描述为

$$\frac{\mathrm{d}M(t)}{\mathrm{d}t} = -\gamma M(t) \times H_{\mathrm{eff}}(t) - \frac{\alpha\gamma}{M_s}[M(t) \times (M(t) \times H_{\mathrm{eff}}(t))] \tag{2.9}$$

式中，M_s 表示饱和磁化，γ 是回磁比，α 是阻尼系数，$M(t)$ 是每个纳磁体中唯一的三维时间磁化向量。有效磁场 $H_{\mathrm{eff}}(t)$ 是纳磁体受到的平均磁场，通常情况下，它由外部应用场、纳磁体本身产生的退磁场、不同纳磁体之间的耦合场组成。考虑了环境温度效应的 $H_{\mathrm{eff}}(t)$ 为

$$H_{\mathrm{eff}}(t) = H_{\mathrm{zeeman}}(t) + H_{\mathrm{demag}}(t) + H_{\mathrm{coupling}}(t) + H_{\mathrm{T}}(t) \tag{2.10}$$

式中，退磁场 $H_{\mathrm{demag}}(t) = N \cdot M(t)$（$N$ 为退磁张量矩阵）。对于拉长形状的 MQCA 器件，采用文献[17]的方法计算得退磁张量矩阵 N 为对角矩阵，且有 $N_x + N_y + N_z = 1$。耦合场 $H_{\mathrm{coupling}}(t) = \sum_j C_{ij} M^{(j)}(t)$，$i$ 表示目标纳磁体序号，j 表示邻接纳磁体序号。塞曼场 $H_{\mathrm{zeeman}}(t)$ 为外部应用的时钟场。

2. MQCA 时钟信号

与 EQCA 电路相似，MQCA 电路同样需要外部时钟来辅助其进行转换，时钟的作用之一是帮助系统克服亚稳态与基态之间的能量势垒。Niemier 等在沿着难磁化轴的方向应用了一个周期震荡的外部磁场，首次提出了 MQCA 时钟的物理模型[18]。图 2.9 中，左侧为纳磁体，右侧表示随时间变化的外部磁场即时钟场，图 2.9(a) 中纳磁体处于基态，此时的能量是最小值；图 2.9(b) 表示由于在较强的外部时钟场作用下形成的亚稳态即空态，此时纳磁体的方向指向时钟场的方向；图 2.9(c) 表示在移除时钟场的情况下，纳磁体按照反铁磁耦合排序重新回到基态。

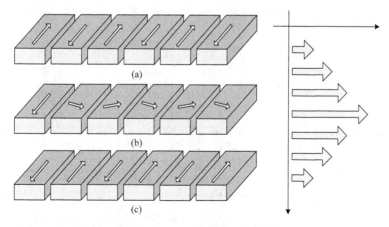

图 2.9　MQCA 时钟示意图[18]

基于 MQCA 的工作原理，文献[19,20]较早采用了 MQCA 全局时钟方案。但这

种时钟方案存在一定的问题，就是在时钟被移除后，远离驱动纳磁体的目标纳磁体容易受到周围环境的影响，且会使电路的工作频率较低。近来，有文献提出了颗粒时钟的方案[21,22]。Yang 等提出了一种有效的三元胞宽三相位时钟信号来获得流水线的操作[23]。

磁性 QCA 时钟的物理实现方式包括电压产生旋转扭矩[24]、纳米螺旋电感[25]和载流子线产生磁场[26]，时钟结构通常位于纳磁体的下部。近来，文献[26]实验实现了第一个 MQCA 铁磁材料时钟线，该实验产生的时钟磁场成功实现了片上器件的转换和控制。注意 EQCA 时钟和 MQCA 时钟的机理完全不同，EQCA 时钟是通过调节元胞的隧穿势垒并利用库仑作用来实现元胞的转换，而 MQCA 时钟是通过预置纳磁体到空态并利用邻近纳磁体偶极子场作用进行目标纳磁体的转换。

2.2　基本 QCA 电路

电性 QCA 的基本逻辑电路包括二进制线、交叉线、反相器和择多逻辑门等。本节介绍以上四种 EQCA 基本逻辑电路。

1. 四点 QCA 电路

(1)二进制线。QCA 的双稳态饱和效应使元胞的极化状态趋向于和它的相邻元胞一致，因此直线排列的元胞可用来从一端至另一端传输二进制信息[8]，完成互连线的功能。若互连线中最左侧的元胞为输入元胞（即驱动元胞），其极化率是固定的，其他元胞是自由元胞，所有的自由元胞的极化方向则会跟随驱动元胞极化方向，因而包含在驱动元胞中的信息能够沿着互连线进行传输。图 2.10 所示为逻辑值"0"在互连直线、拐角线、扇出线的传递。

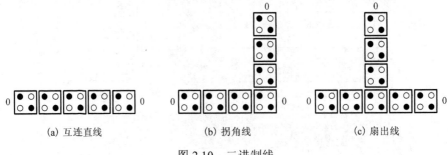

(a) 互连直线　　　　　　(b) 拐角线　　　　　　(c) 扇出线

图 2.10　二进制线

(2)反相器。图 2.11(a)是由 45°旋转元胞组成的反相器链，这种结构可以实现信号的反向传递，每经过一个元胞，信号发生一次翻转，这种结构场也可以用于实现导线交叉。图 2.11(b)表示的反相器[8]由对角放置的九个元胞来实现。位于对角线方向上的两个标准元胞与位于水平线方向上的两个旋转元胞在几何上是相似的,因此位于对角线方向上的标准元胞的极化方向与反相器链的极化方向一样,趋于成相反的方向,如图 2.11(b)虚线框内所示,信号在二进制线上从左侧输入,然后分成两平行线,这两条线与初始线相比在垂直方向上有偏移。由于输入线相比偏移线的起点向里延伸了一个元胞,因此在分叉点对准作用是主要的。水平方向和垂直方向上 EQCA 元胞间的相互作用是主要的,因此偏移线的信号与输入线信号一致。在反相器右端偏移线重新汇合成一条线,然而在这端没有水平或垂直的相互作用,所以对角线元胞间的相互作用导致信号翻转。反相器的逻辑表达式为 $F = \bar{A}$,逻辑符号如图 2.11(c)表示。

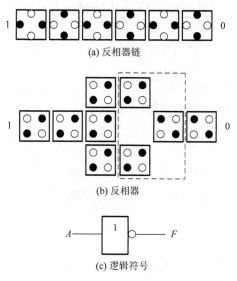

(a) 反相器链

(b) 反相器

(c) 逻辑符号

图 2.11　反相器及其逻辑符号

　　(3)交叉线。在 EQCA 技术中,有种特殊的结构用于实现交叉互连,信号可在两条平面交叉线中各自传递而不互相干扰,这就是共面的互连线交叉。共面线交叉采用规则的 EQCA 元胞(水平线)和旋转 45° 的 EQCA 元胞(垂直线)交叉实现,其原理图和版图结构分别如图 2.12(a)和图 2.12(b)所示。采用这种结构可在单一平面层上实现交叉逻辑,而在其他传统器件技术中没有与之对应的结构,这也是 QCA 器件的一个明显优势。

　　(4)择多逻辑门。图 2.13(a)所示为择多逻辑门,择多逻辑门由十字排列的五个元胞组成,上面、下面和左侧为三个输入元胞,中央元胞为器件元胞,右侧为输出元胞。择多逻辑门的逻辑表达式为 $F = AB + BC + AC$,择多逻辑门可以通过固定任一输入端的值来实现与门和或门的功能。当择多逻辑门任一输入端接逻辑 "0" 时,实现与门的功能,此时 $F = M(A,B,0) = AB$,任一输入端接逻辑 "1" 时,实现或门的功能,此时 $F = M(A,B,1) = AB + A + B = A + B$。

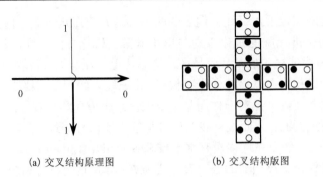

　　　(a) 交叉结构原理图　　　　　　(b) 交叉结构版图

图 2.12　EQCA 共面线交叉结构

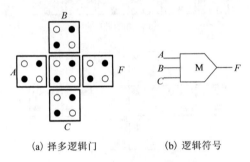

　　　(a) 择多逻辑门　　　　　　(b) 逻辑符号

图 2.13　择多逻辑门及其逻辑符号

2. 两点 QCA 电路

　　根据两点 EQCA 元胞结构的特点，可设计出如下几种两点 EQCA 的基本逻辑器件。

　　(1) 传输线。当信号沿水平方向传输时，传输线结构如图 2.14(a) 所示，按照一定的间距规则排列奇数个元胞，相邻元胞中的电子会由于排斥作用而占据对角线位置，因此，当元胞个数为奇数时该结构实现传输线的功能，当信号沿竖直方向传输时，可设计出如图 2.14(b) 所示的传输线结构。图中元胞 I 为输入元胞，O 为输出元胞。

　　(2) 反相器。与水平传输线结构类似，按照一定的间距规则排列偶数个元胞即可实现水平反相器的功能，如图 2.15(a) 所示。另外，通过采取将沿竖直方向的取反操作转移到水平方向的方式，设计出如图 2.15(b) 所示结构的竖直方向反相器[27]。元胞 I 通过元胞 P 完成水平方向取反，在元胞 R 和元胞 O 之间放置一元胞 S，来保证取反后的输出元胞 O 和输入元胞 I 在同一竖直方向上传递。

　　(3) 逻辑门。逻辑门是两点 QCA 的核心器件，文献[28]设计的两点 EQCA 逻辑门示意图如图 2.16 所示。其中，A、B、C 为逻辑门的三个输入，O 为逻辑门的输出。固定逻辑门的输入 B 为逻辑"1"或"0"可分别实现两输入与非门和或非门。

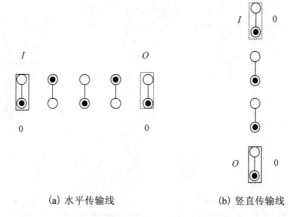

(a) 水平传输线　　　　　　　　　　(b) 竖直传输线

图 2.14　两点 EQCA 传输线结构

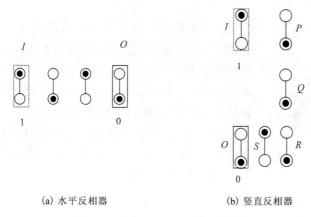

(a) 水平反相器　　　　　　　　　　(b) 竖直反相器

图 2.15　两点 EQCA 反相器结构

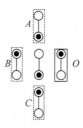

图 2.16　两点 EQCA 逻辑门结构

另外，通过固定 $A(C)$ 为"1"或"0"，也可实现其他的逻辑功能，真值表如表 2.1 所示。

表 2.1　三输入逻辑门真值表

B	A	C	O		$A(C)$	B	$C(A)$	O	
0	0	0	1		0	0	0	1	
0	0	1	0	$\overline{A+C}$	0	0	1	0	$\overline{B+\overline{C(A)}}$
0	1	0	0		0	1	0	1	
0	1	1	0		0	1	1	0	
1	0	0	1		1	0	0	0	
1	0	1	0	$\overline{AC}$	1	0	1	0	$\overline{B\overline{C(A)}}$
1	1	0	1		1	1	0	1	
1	1	1	0		1	1	1	0	

3. 磁性 QCA 电路

在 MQCA 中，由于信号的传递依赖磁偶极子作用，因而在反铁磁耦合情况下，

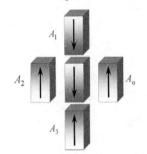

纳磁体线阵列的功能与纳磁体个数相关，如偶数个纳磁体反铁磁耦合直线排列实现反相器，而奇数个纳磁体反铁磁耦合直线排列实现互连线。无论纳磁体数为何值，铁磁耦合的直线排列只能实现互连线。

由五个纳磁体实现的择多逻辑门如图 2.17 所示。其中 A_1、A_2 和 A_3 为输入纳磁体，A_0 为输出纳磁体。这个择多逻辑门实现的功能为

图 2.17　MQCA 择多逻辑门

$$A_0 = \overline{A_1\overline{A_2} + \overline{A_2}A_3 + A_1A_3} \tag{2.11}$$

通过固定择多逻辑门中一个纳磁体的逻辑态可实现与门和或门。

2.3　量子元胞自动机仿真

2.3.1　QCADesigner

QCADesigner 是加拿大卡尔加里(Calgary)大学 ATIPS 实验室开发出的一种 EQCA 电路仿真软件[29,30]。它可以让研究人员实现 EQCA 电路的设计和验证，其仿真界面如图 2.18 所示。目前版本的 QCADesigner 软件有三种不同的仿真模式：一是数字逻辑仿真，即只考虑元胞处于空状态和完全极化状态的仿真；二是非线性近似仿真，采用非线性元胞间响应函数来反复迭代从而确定元胞的稳态；三是使用双稳态哈密尔顿函数来完成系统的全量子力学模型的近似。

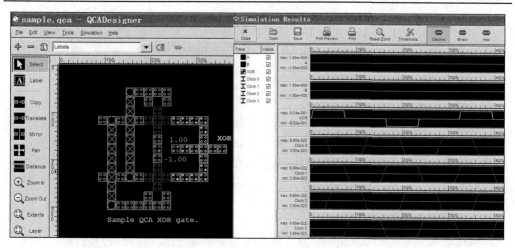

图 2.18　QCADesigner 软件仿真界面

1. 数字逻辑仿真

数字逻辑仿真是一种二进制逻辑状态仿真，考虑元胞处于三种状态：空状态、逻辑"1"和逻辑"0"。有了每一个元胞的这些状态和适当的时钟区域信息，软件就能快速地仿真任何一个电路，用户能够验证所设计的电路结构可否准确完成所期望的逻辑功能。数字逻辑仿真的仿真过程如下：首先，分配电路的输入值，时钟每变化一次，相应考虑要发生转换的元胞，处于释放状态和松弛状态的元胞被赋予一个空值；然后，任何将要发生转换的元胞通过基于元胞间相互作用的准则和相邻元胞的极化来赋值；最后，当处理过所有转换元胞后，检查它们的值，确保没有处于空状态的元胞，即确保系统对于所有的元胞完成操作。完成检查后，本次时钟循环结束且进入下一循环。当所有的输入组合完成并且最后一个输入向量已经穿过系统后，仿真结束。

数字逻辑仿真的优点是用户可以快速验证系统的逻辑功能与期望的逻辑功能是否符合。对于该仿真模式，除了元胞的位置和方向之外不需要其他的物理信息，因而数字逻辑仿真是 QCADesigner 软件较为常用的方式。

2. 非线性近似仿真

EQCA 元胞对其邻近元胞的影响是非线性的且具有双稳态饱和效应的特性。非线性近似仿真正是建立在元胞间响应函数的非线性近似的基础之上。

每一个元胞的极化状态使用式(2.12)计算。其中，P_i 是元胞的极化率，P_j 是相邻元胞的极化率。$E_{i,j}^k$ 是元胞 i 和元胞 j 之间的扭结能。

$$P_i = \frac{\dfrac{E_{i,j}^k}{2\gamma}\sum P_j}{\sqrt{1+\left(\dfrac{E_{i,j}^k}{2\gamma}\sum P_j\right)^2}} \tag{2.12}$$

使用该响应函数式(2.12)计算每一个元胞的状态，重复该计算过程直到整个系统收敛到预先确定的容差范围内。非线性近似仿真可以用来检验所设计电路的逻辑功能，但是它不能实现有效的动态仿真。其优点在于仿真过程较为简单，能够快速仿真元胞数量较大的 EQCA 电路。

3. 双稳态仿真

双稳态仿真是 QCADesigner 仿真软件所能够提供的最精确的仿真方式。该模型假定元胞是一个简单的双稳态系统，这个系统的哈密尔顿函数为

$$H_i = \sum_j \begin{bmatrix} -\dfrac{1}{2}P_j E_{i,j}^k & -\gamma_j \\ -\gamma_j & \dfrac{1}{2}P_j E_{i,j}^k \end{bmatrix} \tag{2.13}$$

使用雅可比运算法则能够计算出哈密尔顿函数的本征值和本征矢量：

$$H_i \psi_i = E_i \psi_i \tag{2.14}$$

这里 H_i 是式(2.14)给定的哈密尔顿函数，ψ_i 是元胞的状态矢量，E_i 是伴随着状态 ψ_i 的能量。运算法则依据它们的各自能量以升序对每一个状态 ψ_i 分类，序列中的第一个状态的能量最低。假定系统在计算中与基态保持非常接近，因此选择最低能量的态并且元胞的极化状态被设定。双稳态仿真计算每一个元胞的极化直到整个系统收敛到预先设定的容差。

双稳态仿真的优点是基于的模型更为精确，而由于计算过程复杂，相对于非线性近似方法效率低、仿真时间长，适用于对精确度要求较高的仿真。

2.3.2　OOMMF 软件

本书针对 MQCA 的验证均采用美国 NIST(National Institute of Standards and Technology)开发的磁学计算软件 OOMMF(Object Oriented Micro-Magnetic Framework)[31]。OOMMF 软件以 LLG 方程为理论基础，采用有限元方法进行计算，它可在二维平面或网格上释放三维旋转(即纳磁体的三维磁化向量)，结果表述方式有数据表格显示(data table display)、数据曲线显示(data graph display)和矢量场显示(vector field display)。图 2.19 所示为采用 OOMMF 软件进行 MQCA 仿真的动态界面。

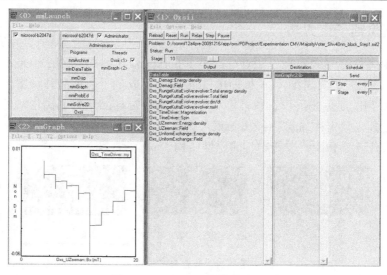

图 2.19　OOMMF 软件仿真界面

2.4　器件制备工艺

2.4.1　电子束光刻方法

QCA 器件的一种重要制备方法就是电子束平板印刷术（EBL）技术，无论是基于电性还是磁性工作原理的器件，其量子点或纳磁体图案的生成方法均采用 EBL 工艺制备。电性 QCA 的物理实现方式一般有三种，即基于半导体、金属隧道结和分子的结构。图 2.20 所示为 GaAs 半导体实现的一电性 QCA 元胞[32]。其他较好的电性 QCA 实现工艺包括在异质结或者 Si-SiO$_2$ 界面处形成的二维电子气上加电极[6]，从而形成量子点。

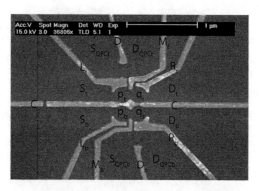

图 2.20　电性 QCA 元胞的扫描显微图像[32]

2.4.2　聚焦离子束方法

本质上来说，将聚焦离子束(Focused Ion Beam，FIB)方法用于 QCA 器件的制备是 EBL 方法的逆向思维。因为 EBL 方法是先形成量子点或磁体图案，再辅以后续工艺。而 FIB 则是先沉积材料，再利用高能离子对样品进行剥离形成纳米电路图案。即通过预先设定的轨迹扫描离子束可获得简单或复杂的加工图形。图 2.21 为采用 50kV 镓离子源 FIB[33]系统制备的磁性结构。

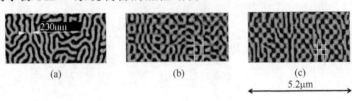

图 2.21　磁性结构[33]

2.4.3　纳米蜡纸印刷术方法

纳米蜡纸平板印刷术[34](Nanostencil Lithography)是一种不同于 EBL 工艺、FIB 成图以及其他纳米制备工艺的候选技术。在纳米蜡纸制备工艺中，一个带孔径的隔膜放在紧靠样品的附近，然后材料直接蒸镀到衬底的表面。纳米蜡纸平板印刷术完全避开了涂覆抗蚀剂、溶解和刻蚀等步骤，因而避免了衬底和其他材料可能引起的污染。利用这种方法制备的结构非常干净，没有工艺引起的痕迹，如电子束光刻中的边缘痕迹、反应离子刻蚀中的材料重沉积。尤其是对磁性纳米结构来说，由于磁化和形状及材料成分密切相关，上述优点就更加重要。

图 2.22 所示为采用纳米蜡纸平板印刷术制备的磁性 QCA 择多逻辑门[34]。图 2.22(a)描述了采用 FIB 技术碾磨氮化硅隔膜制备出的磁性 QCA 择多逻辑门掩膜。图 2.22(b)所示为门结构的原子力显微图像。

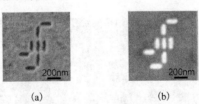

图 2.22　纳米蜡纸平板印刷术制备的磁性 QCA 逻辑门

参 考 文 献

[1]　Lent C S, Tougaw P D, Porod W, et al. Quantum cellular automata[J]. Nanotechnology, 1993,

4(1): 49-57.

[2] Orlov A O, Amlani I, Bernstein G H, et al. Realization of a functional cell for quantum-dot cellular automata[J]. Science, 1997, 277(5328): 928-930.

[3] Lu Y H, Lent C S. Self-doping of molecular quantum-dot cellular automata: mixed valence zwitterions [J]. Phys. Chem. Chem. Phys., 2011, 13(9): 14928-14936.

[4] Imre A, Csaba G, Ji L L, et al. Majority logic gate for magnetic quantum-dot cellular automata [J]. Science, 2006, 311(5758): 205-208.

[5] Seminario J M, Derosa P A, Cordova L E, et al. A molecular device operating at terahertz frequencies: theoretical simulations [J]. IEEE Trans. Nanotechnol., 2004, 3(1): 215-218.

[6] Lent C S, Tougaw P D. A device architecture for computing with quantum dots [J]. Proc. IEEE, 1997, 85(4): 541-557.

[7] Lu Y H, Liu M, Lent C S. Molecular quantum-dot cellular automata: from molecular structure to circuit dynamics [J]. J. Appl. Phys., 2007, 102: 034311-1~7.

[8] Lent C S, Tougaw P D. Logical devices implemented using quantum cellular automata [J]. J. Appl. Phys., 1994, 75(3): 1818-1825.

[9] 王传奎, 高铁军, 薛成山. 耦合量子细胞的非线性特性[J]. 物理学报, 2000, 49(10): 2033-2036.

[10] Vankamamidi V, Ottavi M, Lombardi F. Two-dimensional schemes for clocking/timing of QCA circuits [J]. IEEE Trans. Comput. Aided Des. Integr. Circuits Syst., 2008, 27(1): 34-44.

[11] Frost S E, Dysart T J, Kogge P M, et al. Carbon nanotubes for quantum-dot cellular automata clocking[A]. The 4th IEEE Conference on Nanotechnology[C], 2004: 171-173.

[12] Modi S, Tomar A S, Tomar G S. Carbon nanotubes for quantum-dot cellular automata clocking [A]. 2011 International Conference on Communication Systems and Network Technologies[C], 2011: 441-443.

[13] Tougaw P D, Lent C S, Porod W, et al. Bistable saturation in coupled quantum-dot cells [J]. J. Appl. Phys., 1993, 74(5): 3558-3566.

[14] Hook L R, Lee S C. Design and simulation of 2-D 2-dot quantum-dot cellular automata logic [J]. IEEE Trans. Nanotechnol., 2011, 10(5): 996-1003.

[15] 杨晓阔. 量子元胞自动机可靠性和耦合功能结构实现研究[D]. 西安: 空军工程大学博士学位论文, 2012.

[16] Fidler J, Schrefl T. Micromagnetic modeling: the current state of the art [J]. J. Phys. D: Appl. Phys., 2000, 33(15): 135-156.

[17] Aharoni A. Demagnetizing factors for rectangular ferromagnetic prisms [J]. J. Appl. Phys., 1998, 83(6): 3432-3434.

[18] Niemier M T, Hu X S, Alam M, et al. Clocking structures and power analysis for

nanomagnet-based logic devices[A]. Proceedings of International Symposium on Low Power Electronics and Design[C], 2007: 26-31.

[19] Csaba G, Csurgay A, Porod W. Simulation of power gain and dissipation in field-coupled nanomagnets [J]. J. Comput. Electron., 2005, 4(1/2): 105-110.

[20] Carlton D B, Emley N C, Tuchfeld E, et al. Simulation studies of nanomagnet-based logic architecture[J]. Nano Lett., 2008, 8(12): 4173-4178.

[21] Bandyopadhyay S, Cahay M. Electron spin for classical information processing: a brief survey of spin-based logic devices gates and circuits [J]. Nanotechnology, 2009, 20: 412001-1~35.

[22] Behtash B A, Salahuddin S, Datta S. Switching energy of ferromagnetic logic bits [J]. IEEE Trans. Nanotechnol., 2009, 8(4): 505-514.

[23] Yang X K, Cai L, Huang H T, et al. Characteristics of signal propagation in magnetic quantum cellular automata circuits [J]. Micro & Nano Lett., 2011, 6(6): 353-357.

[24] Roy K, Bandyopadhyay S, Atulasimha J. Hybrid spintronics and straintronics: a magnetic technology for ultra low energy computing and signal processing [J]. Appl. Phys. Lett., 2011, 99(6): 063108-1~3.

[25] Kulkarni J P, Augustine C, Jung B, et al. Nano spiral inductors for low-power digital spintronic circuits [J]. IEEE Trans. Magn., 2010, 46(6): 1898-1901.

[26] Alam M T, Siddiq M J, Bernatein G H, et al. On-chip clocking for nanomagnet logic devices [J]. IEEE Trans. Nanotechnol., 2010, 9(3): 348-351.

[27] 汪志春, 蔡理, 杨晓阔, 等. 两点量子元胞自动机全加器电路设计[J]. 空军工程大学学报(自然科学版), 2014, 15(5): 84-87.

[28] Rahimi E, Mohammad N S. Scalable minority gate: a new device in two-dot molecular quantum-dot cellular automata [J]. Micro & Nano Letters., 2012, 7(8): 802-805.

[29] Walus K, Jullien G A. Design tools for an emerging SoC technology: quantum-dot cellular automata [J]. Proc. IEEE, 2006, 94(6): 1225-1244.

[30] QCADesigner website, University of Calgary, ATIPS Laboratory. http://www.qcadesigner.ca.

[31] Donahue M J, Porter D G. OOMMF user's Guide, Version 1.0, Interagency Report NISTIR 6376. http://math.nist.gov/oommf.

[32] Mitic M, Cassidy M, Petersson K, et al. Demonstration of a silicon-based quantum cellular automata cell[J]. Appl. Phys. Lett., 2006, 89(1): 013503-1~3.

[33] Becherer M, Csaba G, Porod W, et al. Magnetic ordering of focused-ion-beam structured cobalt-platinum dots for field-coupled computing [J]. IEEE Trans. Nanotechnol., 2008, 7(3): 316-320.

[34] Gross L, Schlittler R R, Meyer G, et al. Magnetologic devices fabricated by nanostencil lithography [J]. Nanotechnology, 2010, 21: 325301-1~7.

第 3 章　量子元胞自动机电路的结构

QCA 器件的一个重要应用是实现数字集成电路，它的无引线集成特征可以获得极高的器件集成密度。然而，QCA 逻辑电路设计不能单纯地从 CMOS 逻辑结构转化而来，这是因为 QCA 器件的时控工作特征。本章从 QCA 器件的时控工作特征出发，详细探讨 QCA 数字逻辑的实现，提出多相位流水线时钟信号，对于每一种功能结构的版图，均给出了其时钟分布。这些结论为 QCA 在无线集成电路、生物医学电路等领域的应用奠定了理论基础。

3.1　QCA 组合逻辑电路

3.1.1　电性 QCA 奇偶校验系统[1]

奇偶校验系统是数字通信中常用的检测一位数据差错的系统，它通过校验码中"1"的总数是奇数还是偶数来判断是否有误码。然而目前对作为数字通信重要的奇偶校验系统的 EQCA 设计并未研究，最重要的是这里将采用 EQCA 奇偶校验系统来探索分块设计方法。这里首先设计了新的异或门，并基于逐位异或思想设计了数据的奇偶判断单元结构，再运用分块设计方法实现了奇偶校验系统。详细分析了该 EQCA 奇偶校验系统的逻辑功能，给出了 QCADesigner 模拟结果。

1. 功能单元模块的设计

为了设计奇偶校验系统，首先需要设计出 EQCA 异或门。图 3.1(a)给出了利用与门及或门实现的 EQCA 异或功能的原理图。

该异或门电路的逻辑功能为

$$C = A \cdot \overline{B} + \overline{A} \cdot B = A \cdot (\overline{A} + \overline{B}) + B \cdot (\overline{A} + \overline{B}) = (A \cdot \overline{AB}) + (B \cdot \overline{AB}) \tag{3.1}$$

式中，"·"代表与功能，"＋"代表或功能。该设计采用了择择多逻辑门的演变形式，即三个与门和一个或门。不同阴影代表四个不同的时钟区域，如图 3.1(b)所示。该电路版图用到了 40 个元胞。对所有可能的 AB 两输入配置进行了仿真，发现它能准确实现异或逻辑。需要说明的是，文献[2]也实现了异或门，但从总元胞数和结构简单性来看，这里的设计所用元胞数更少且不需要共面导线交叉。

奇偶校验系统的首要因素是要判断输入数据中码元"1"个数的奇偶性，进而采用合适的运算加入校验码。因此，奇偶判断单元模块对校验系统非常重要。实际中传输的数据量非常大，不可能将数据作为一个整体进行判断。不失通用性，这里假设输入数据为分组的八位二元码，设为 $D_0 \sim D_7$，运用逐位异或的思想判断码元"1"个数的奇偶性。如果逐位异或输出为"0"，表明"1"的个数为偶数；如果逐位异或输出为"1"，表明码元中"1"的个数为奇数。图 3.2 为设计的奇偶判断单元的版图，用到了 319 个元胞，版图面积为 $0.57\mu m^2$。

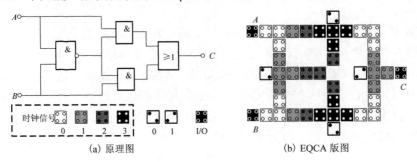

(a) 原理图   (b) EQCA 版图

图 3.1 新的异或门

其中 I/O 型元胞表示输入或输出器件

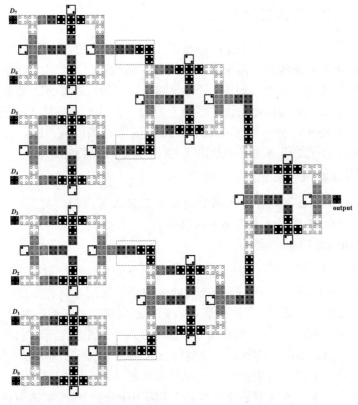

图 3.2 奇偶判断单元的 EQCA 版图

图 3.2 中包含有 7 个异或门(输入端 4 个,第二级 2 个,输出端 1 个),八位数据从版图的左边输入,右边为判断后的结果输出。每级异或门采用六个连续的时钟区域实现;同时,为了实现第二级异或门计算的同时性,需要对时钟区域进行巧妙的安排以实现信号的同步。即通过增加两个常规时钟区域对所有第一级输出信号进行相同的延时处理,如图 3.2 中四个虚线框标注所示,这样便实现了对所有元胞的时钟区域安排。对该设计的模拟结果表明其功能正确。

2. EQCA 奇偶校验系统的分块实现

通过拓展奇偶判断单元设计的思想,前面部分单独设计的不同 EQCA 功能模块可以用来分块构建奇偶校验系统的奇数产生电路。该电路并非传统的 CMOS 电路的替代,而是充分运用了 EQCA 器件的特点和设计的奇偶判断单元。构建的电路结构如图 3.3 所示,其中 F_{od} 为奇数产生电路的输出(校验位),虚线方框内部分是整个奇数产生电路的核心,用到的 2-1 数据选择器见文献[3]。为了产生校验位,引入了两个控制端即奇控制端 ODD 和偶控制端 EVEN,其中 ODD = 1,EVEN = 0。若输入 $D_0 \sim D_7$ 中“1”的个数为偶数,则位选信号 S 使得 $F_{od} = \overline{EVEN}$;若 $D_0 \sim D_7$ 输入中“1”的个数为奇数,则 $F_{od} = \overline{ODD}$。将产生的校验位和数据 $D_0 \sim D_7$ 一起作为数据通过信道传输出去,因此最后传递的数据中一定含有奇数个“1”。

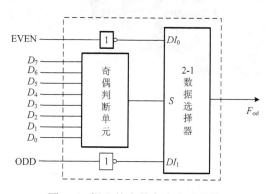

图 3.3　提出的奇数产生电路结构

图 3.4 所示的对应电路版图需要 405 个元胞,版图面积为 $0.66\mu m^2$。用到的模块有一个奇偶判断单元、一个数据选择器和两个反相器。奇偶判断单元的输出作为数据选择器的控制线,对 $\overline{EVEN}$ 和 $\overline{ODD}$ 进行选择。

为了对接收数据进行校验,运用分块设计方法构建了奇数校验电路,其原理结构如图 3.5 所示。这也是一个新的实现结构。它由一个奇偶判断单元、两个 2-1 数据选择器和三个额外的反相器构成。其逻辑功能表达式为

$$F_{od1} = S \cdot \overline{ODD} + \overline{S} \cdot \overline{EVEN} = S \cdot \overline{F_{od}} + \overline{S} \cdot F_{od} \tag{3.2}$$

$$F_{\text{ev}} = \overline{S} \cdot \overline{\text{ODD}} + S \cdot \overline{\text{EVEN}} = \overline{S} \cdot \overline{F_{\text{od}}} + S \cdot F_{\text{od}} \tag{3.3}$$

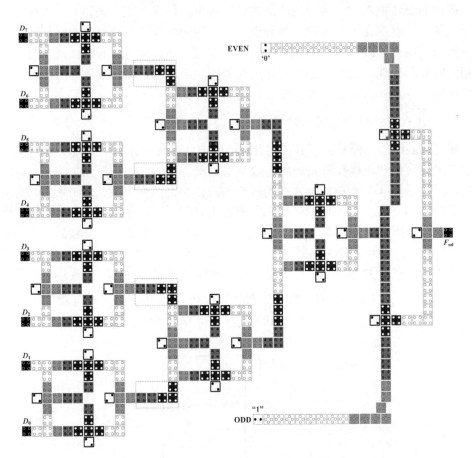

图 3.4　奇数产生电路的 EQCA 版图

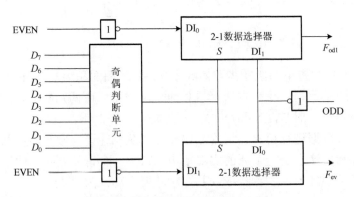

图 3.5　提出的奇偶校验电路结构

式中，F_{od1} 和 F_{ev} 为奇偶校验系统的最终输出。前一级输出 F_{od} 接到奇控制输入端 ODD，偶控制端 EVEN 接 $\overline{F_{od}}$，$D_0 \sim D_7$ 为数据输入。假设原始数据中含有偶数个"1"，$F_{od} = 1, S = 0$。正确传输时可得检验电路输出 $F_{od1} = 1, F_{ev} = 0$。如果在传输过程中有一个数据位发生了差错，由"0"变为"1"或由"1"变为"0"，则在校验器输入端会出现 $D_0 \sim D_7$ 有奇数个"1"，即 $S = 1$ 和 ODD $= 1$，EVEN $= 0$ 的情况。根据式(3.2)、式(3.3)可得校验器输出 $F_{od1} = 0, F_{ev} = 1$，原始数据含奇数个"1"的情况类似。因而，通过观测校验器 F_{od1} 和 F_{ev} 的输出，就可以判断出数据在传输过程中有没有发生差错。若 $F_{od1} = 1, F_{ev} = 0$，则表示传输正确；若 $F_{od1} = 0, F_{ev} = 1$，则说明传输过程中有错误。

图 3.6 为对应的 EQCA 版图，用到了 430 个元胞，版图面积为 $0.72\mu m^2$。

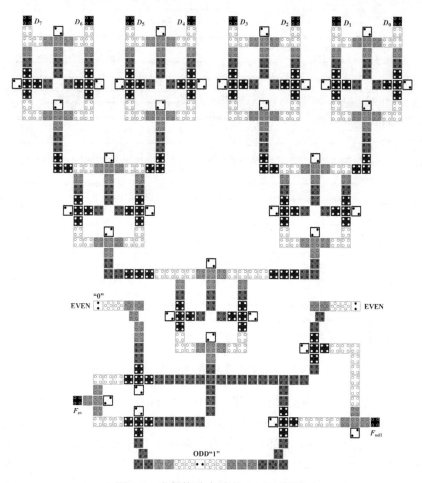

图 3.6　奇偶校验电路的 EQCA 版图

3．EQCA 奇偶校验系统的功能验证

为了对设计的 EQCA 奇偶校验系统进行功能验证和分析，采用 2.0.3 版本 QCADesigner 软件的双稳态矢量法进行仿真。其中量子点直径为 5nm，元胞尺寸为 20nm×20nm，元胞间距为 5nm。图 3.7 给出了奇数产生电路的仿真结果，$D_7 \sim D_0$ 为任意的八位数据信号帧，F_{od} 为输出信号，限于篇幅 EQCA 时钟信号未显示。相对于输入信号，电路存在 6 个时钟周期的延时，因此电路的有效输出在 F_{od} 的第六个波形后。从图 3.7 可见，奇数产生电路具有正确的逻辑功能。以第二帧信号为例，$D_7 \sim D_0$ 为 11000000（十进制 192）含有偶数个码元"1"，可以看到 F_{od} 的第八个输出为逻辑"1"，满足奇数产生电路的功能。

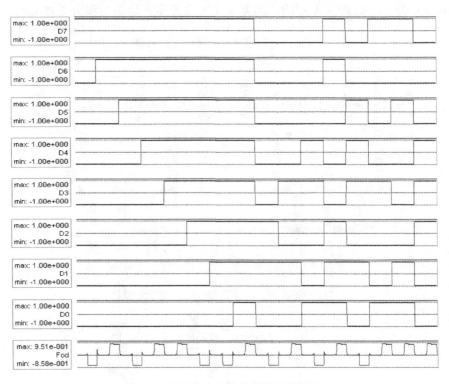

图 3.7　奇数产生电路的模拟结果波形

图 3.8 为奇偶校验电路的模拟结果。图中，Data[D_7:D_0]为输入信号数据帧（和奇数产生电路的输入数据信号相同），Clock0 和 Clock1 为其中的两个 EQCA 时钟信号，F_{od1} 和 F_{ev} 为校验系统的输出。注意此电路也存在 6 个时钟周期的延时，从第七段波形起为有效输出。由于正确传输时有 $F_{od1} = 1$，$F_{ev} = 0$，从图中波形可见，第二帧和第七帧数据发生了传输错误。实际上，通过观察输入信号帧发现第二帧数据的 D_1 位误码成了"1"（从 192 变为 194），第七帧数据的 D_4 位误码成了"0"（从 254 变

为 238)，其他数据帧均为正确传输，因此出现了上述结果。可见设计的奇偶校验系统逻辑功能正确，实现了对数据传输错误的检验。

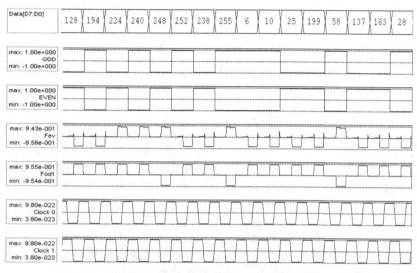

图 3.8　奇偶校验电路的模拟结果波形

3.1.2　电性 QCA 不恢复余数除法器[12]

除法器是一种结构较复杂运算较耗时的逻辑运算单元。随着精密仪器、航空航天和雷达等技术的发展，除法器的应用已不可避免[4]。到目前为止，已经有许多实现除法器的算法，如恢复余数法、不恢复余数法和牛顿迭代法等。其中恢复余数法和不恢复余数法是基于加法和减法运算的算法，适于用集成电路实现[5,6]。由于具有效率更高的优势，目前不恢复余数法是计算机系统最常用的除法算法[7]。在 QCA 领域，除法器的研究也吸引了一些学者的关注，Kim 等已经提出一种 EQCA 恢复余数除法器[8]，但是目前仍未发现关于 QCA 不恢复余数除法器的报道。这里设计了 EQCA 不恢复余数二进制阵列除法器，它的基本组成模块是基于异或门和一位全加器的补码加法/减法单元，通过 QCADesigner 软件进行了版图设计和功能验证。与已有的 EQCA 恢复余数除法器相比，不恢复余数除法器具有元胞数目更少、版图面积更小以及延时更少等优势，因此不恢复余数除法器更适于位数较大的运算。

1.　不恢复余数算法及原理电路

在阐述不恢复余数算法之前，首先简要介绍恢复余数算法，这有利于对不恢复余数算法的理解。本小节中使用的表示符号及其意义如下：

N：被除数

Y：除数

R_i：迭代 i 次后产生的部分余数

i：迭代次数

n：位数

q：商

恢复余数法是最基本的一种除法算法，其具体过程[8]见下式：

$$q_{i+1} = \begin{cases} 1, & 2R_i > Y \\ 0, & 2R_i < Y \end{cases} \tag{3.4}$$

$$R_{i+1} = 2R_i - q_{i+1} \cdot Y \tag{3.5}$$

部分余数可以通过左移上一步运算得出的部分余数和减法得到：$R_{i+1} = 2R_i - Y$，如果 R_{i+1} 是正数，则 $q_{i+1} = 1$，否则 $q_{i+1} = 0$ 且需要一步复原的加法操作。该加法用于恢复正确的余数，$R_{i+1} = R_{i+1} + Y = 2R_i$。

尽管恢复余数算法很简便，但是在复原余数操作过程中引入了额外的延迟[9]，同时也导致了不必要的功耗，因为在两个周期后部分余数没有发生变化。该算法的另外一个问题是对相同位数的不同操作数，它的恢复余数次数不固定，何时需要恢复余数操作也不确定，这导致该算法的控制逻辑较复杂[4]。

为克服恢复余数算法的不足，可以采用不恢复余数算法[7,10]，也称加减交替法，使用该算法的除法器称为不恢复余数除法器。在该算法中，若出现负的部分余数，则不需要复原余数。

不恢复余数算法的步骤如下所述：

$$q_{i+1} = \begin{cases} 1, & R_i > 0 \\ 0, & R_i < 0 \end{cases} \tag{3.6}$$

$$R_{i+1} = \begin{cases} 2R_i - Y, & R_i > 0 \\ 2R_i + Y, & R_i < 0 \end{cases} \tag{3.7}$$

$$r = \begin{cases} 2^{-n} \cdot R_n, & R_n > 0 \\ 2^{-n} \cdot (R_n + Y), & R_n < 0 \end{cases} \tag{3.8}$$

其中，$i = 0,1,\cdots,n-1$。初始部分余数 R_0 等于被除数，r 是最终的余数。由式(3.4)~式(3.8)可见，每当负的部分余数出现时，不恢复余数法比恢复余数法少一步恢复余数的加法操作，所以不恢复余数除法器的延时将比恢复余数除法器少很多。

在二进制不恢复余数算法中，部分余数通过被除数和连续右移的除数之间的加法或减法得到。商由部分余数的符号位决定，同时该符号位也决定了下一周期做加法还是减法。

不恢复余数除法器可由补码加法/减法单元(CAS 单元)并行二维阵列构建[11]。图 3.9(a)、(b)分别给出了 CAS 单元和一个 2 位除数 $(0.y_1y_2)$ 4 位被除数 $(0.x_1x_2x_3x_4)$ 阵列除法器的原理框图。每个 CAS 单元由异或门和一位全加器构成，除数通过异或门输入全加器中。每个加器有一个控制信号 P，它决定了 CAS 单元的功能，即做加法运算或减法运算。被除数和除数的第一位 0 是用来表示正数的符号位。2 位除数和 4 位被除数分别从阵列的顶端和右侧输入，阵列左侧输出 3 位的商，其中每一位商产生之后会输入阵列的下一行作为控制信号 P 以及最右侧 CAS 单元的进位输入。3 位余数从阵列的底端输出。

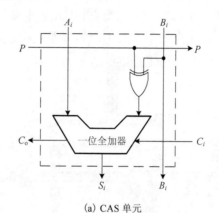

(a) CAS 单元

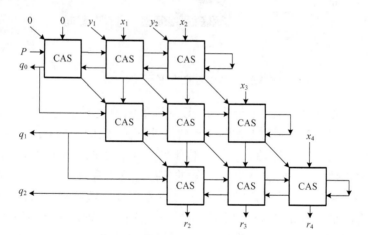

(b) 3×3 除法器阵列

图 3.9　二进制阵列除法器

2. EQCA 不恢复余数二进制阵列除法器的实现

由上面可知，不恢复余数除法器由 CAS 单元构成，因此首先需设计 CAS 单元的 QCA 版图[12]，如图 3.10 所示。虚线框中是异或门结构，它由四个择多逻辑门和一个反向器构成，延时为一个时钟周期。异或门的两个输入信号分别是控制信号 P

和除数的其中一位 B。框外部分为一个一位全加器，它由三个择多逻辑门和两个反向器构成。全加器有三个输入信号（XOR_OUT，A 和 C_i），两个输出信号（$S_i = A \oplus XOR\_OUT \oplus C_i$ 和 $C_o = MAJ(A, XOR\_OUT, C_i)$），两个输出信号的延时均为 1.25 个时钟周期。当 $P = 0$ 时，由异或门的逻辑函数可得 XOR_OUT = B，CAS 单元的功能与一位全加器相同；当 $P = 1$ 时，XOR_OUT = $\bar{B}$，CAS 单元将执行 A 与 B 的减法操作。为了使输入信号 A 与经过异或门的输入信号 B 同时到达全加器，在输入信号 A 的通路上额外加入了一个时钟周期的延时，因此一个 CAS 单元的总延时为 2.25 个时钟周期。版图中的不同灰度表示不同的时钟区域。

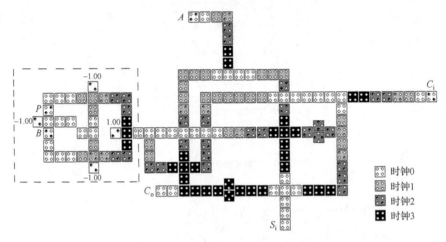

图 3.10 设计的 CAS 单元 QCA 版图

n 位除法器由 n^2 个 CAS 单元构成。设计该版图的主要难点在于时钟布局，因为时钟布局决定了 CAS 单元的工作顺序和信号的同步。版图中所有的交叉线结构均采用文献[13]提出的方案，即两条传输线位于两个不相邻的时钟区域，因为在不相邻的时钟信号控制下的两条 QCA 线上传输的信号之间不存在相互干扰。为简明起见，图 3.11 给出了 $n = 3$ 时的除法器版图[12]。该 3×3 不恢复余数阵列除法器共使用了 3742 个 QCA 元胞，面积为 6.22μm²。版图中的信号流向与原理图中有所不同，控制信号 P 从最右上角的 CAS 单元输入阵列，同时通过传输线到达全加器的进位输入端和相邻的 CAS 单元。待最左上角的 CAS 单元运算完毕后，其进位输出即商的其中一位，同时该信号作为下一列 CAS 单元的控制信号。整个阵列按此方式进行运算。QCA 独特的工作机理决定了元胞布局与时钟布局之间有着天然的制约关系[14]，对于较大规模的 QCA 阵列这一关系尤为明显。在元胞布局确定之后，必须仔细设计时钟布局，以确保阵列中各组成单元的信号同步以及整个阵列延时的最小化。依据 QCA 版图设计规则，并经过具体的时钟周期个数计算完成整个阵列的时钟布局。提出的 3×3 不恢复余数阵列除法器中的信号达到了同步，总延时为 26.25 个时钟周期。

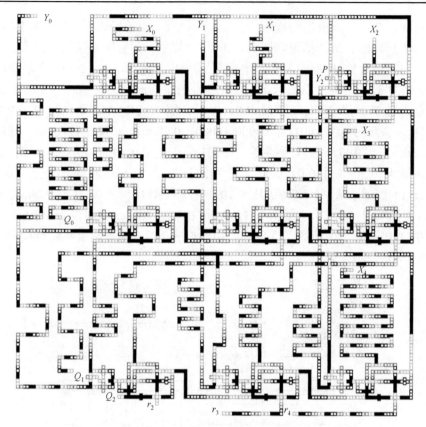

图 3.11　提出的 3×3 不恢复余数阵列除法器 QCA 版图

3. EQCA 不恢复余数二进制阵列除法器的功能验证

使用 QCADesigner v2.0.3 软件的双稳态仿真器完成了所设计除法器的功能验证。仿真参数设置如表 3.1 所示。

表 3.1　仿真参数设置

参数	数值	参数	数值
元胞尺寸	18nm×18nm	收敛容限	0.001
量子点直径	5nm	影响半径	65nm
相邻元胞的中心距	20nm	相对介电常数	12.9
采样数	12800		

由不恢复余数除法算法可知，如果被除数的前两位大于或等于除数，除法器将发生溢出[11]。为验证该 3×3 不恢复余数阵列除法器，使用所有可能的输入向量，但

是必须剔除那些会导致溢出的输入向量。去除导致溢出的输入后，共使用 24 组输入向量进行仿真验证。仿真结果如图 3.12 所示，每个子图包括 4 组输入向量。

正确的输出数据（即商向量和余数向量）在加入输入信号后 26.25 个时钟周期时产生[12]，如图 3.12 中的方框所示。在图 3.12(a) 中，商向量为 (0.10, 0.01, 0.01, 0.00)，余数向量为 (0.0101, 0.0000, 0.0010, 0.0110)；在图 3.12(b) 中，商向量为 (0.00, 0.11, 0.11, 0.11)，余数向量为 (0.0111, 0.0000, 0.0001, 0.0000)；在图 3.12(c) 中，商向量为 (0.01, 0.10, 0.11, 0.11)，余数向量为 (0.0001,0.0110, 0.0001, 0.0010)；在图 3.12(d) 中，商向量为 (0.10, 0.11, 0.01, 0.00)，余数向量为 (0.0111, 0.0000, 0.0000, 0.0111)；在图 3.12(e) 中，商向量为 (0.00, 0.01, 0.10, 0.01)，余数向量为 (0.0110, 0.0000, 0.0111, 0.0001)；在图 3.12(f) 中，商向量为 (0.10, 0.00, 0.00, 0.10)，余数向量为 (0.0111, 0.0101, 0.0111, 0.0110)；各子图中前三行分别为控制信号 P、被除数向量和除数向量，最后一行为输出元胞的时钟信号。

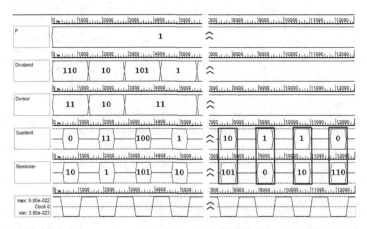

(a) 被除数向量 (0.0110, 0.0010, 0.0101, 0.0001)，除数向量 (0.11, 0.10, 0.11, 0.11)

(b) 被除数向量 (0.0000, 0.0011, 0.0111, 0.1001)，除数向量 (0.01, 0.01, 0.10, 0.11)

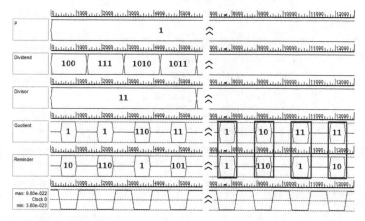

(c) 被除数向量 (0.0100, 0.0111, 0.1010, 0.1011)，除数向量 (0.11, 0.11, 0.11, 0.11)

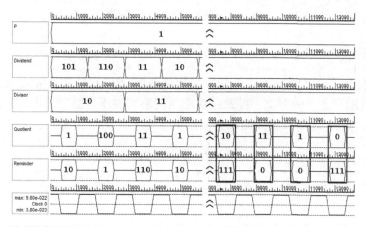

(d) 被除数向量 (0.0101, 0.0110, 0.0011, 0.0010)，除数向量 (0.10, 0.10, 0.11, 0.11)

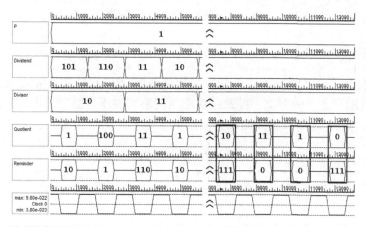

(e) 被除数向量 (0.0000, 0.0001, 0.1000, 0.0011)，除数向量 (0.10, 0.01, 0.11, 0.10)

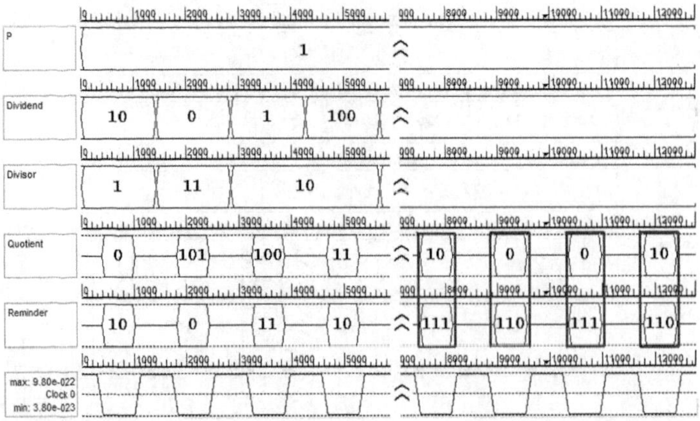

(f) 被除数向量(0.0000, 0.0001, 0.1000, 0.0011)，除数向量(0.10, 0.01, 0.11, 0.10)

图 3.12　QCA 3×3 不恢复余数阵列除法器的仿真结果

4. 两种 EQCA 除法器的对比分析

表 3.2 给出了设计的 EQCA 不恢复余数除法器(NRD)与文献[8]中的 EQCA 恢复余数除法器(RD)之间的对比。可见在功能相同的前提下，提出的不恢复余数阵列除法器将延时、元胞数量和版图面积分别降低了 29%、42% 和 58%。

表 3.2　除法器对比

名称	延时	元胞数目	版图面积/μm^2
3×3 NRD	$26\frac{1}{4}$	3742	6.22
4×4 NRD	$47\frac{1}{4}$	6865	10.95
3×3 RD[8]	37	6451	15.05
6×6 RD[8]	145	42236	86.22

一般地，该 QCA 不恢复余数除法器的延时为 $3n^2-0.75$，文献[8]中的恢复余数除法器的延时为 $4n^2+1$，其中 n 为除法器操作数的位数。图 3.13 给出了两种除法器的延时与操作数位数的关系。可见随着操作数位数的增长，不恢复余数除法器的效率优势越来越明显。

3.1.3　电性 QCA 3-8 译码器[15]

这里将详细阐述新型 3-8 译码器电路的设计[15]，并对比分析设计出的译码器和文献[16]提出的译码器结构的性能。研究结果表明，这里提出的译码器结构降低了面积和延时，提高了电路的稳定性，具有一定的优越性。

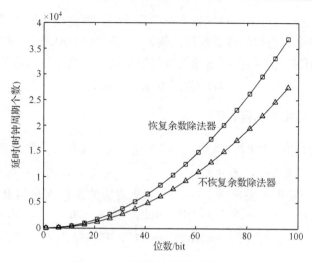

图 3.13　两种除法器的延时对比

1. 五输入择多逻辑门

QCA 五输入择多逻辑门[17]的结构如图 3.14 所示。五输入择多逻辑门的输入端为 A、B、C、D 和 E，输出为 OUT。设 M 为五输入择多逻辑门的输出，五输入择多逻辑门的逻辑表达式为

$$M(A,B,C,D,E) = ABC + ABD + ABE + ACD + ACE$$
$$+ ADE + BCD + BCE + BDE + CDE \tag{3.9}$$

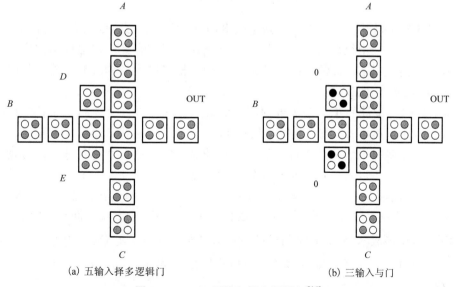

(a) 五输入择多逻辑门　　　　　　　　　　(b) 三输入与门

图 3.14　QCA 五输入择多逻辑门[16]

五输入择多逻辑门可以实现三输入与门和或门，固定两个输入的值为"0"或者"1"，可以实现三输入的与门或者或门，例如，如图 3.14(b)所示，固定输入端 D、E 为"0"，五输入择多逻辑门实现三输入与门的功能。三输入与门的逻辑功能描述为

$$M(A,B,C,0,0) = ABC \tag{3.10}$$

2. 新型 3-8 译码器的设计[15]

3-8 译码器的原理图如图 3.15 所示，输入 A_2、A_1、A_0 经非门阵列被编译成 $\overline{A_2A_1A_0}$、$\overline{A_2A_1}A_0$、$\overline{A_2}A_1\overline{A_0}$、$\overline{A_2}A_1A_0$、$A_2\overline{A_1A_0}$、$A_2\overline{A_1}A_0$、$A_2A_1\overline{A_0}$、$A_2A_1A_0$，这八种状态作为三输入与门的输入，其中被编译成"111"的状态对应的三输入与门输出为"1"，其他状态对应的输出为"0"，从而完成译码功能。例如，A_2、A_1、A_0 分别为"1""0""1"时，$A_2\overline{A_1}A_0$ 为"111"，对应输出 O_6 为"1"，其余输出为"0"。

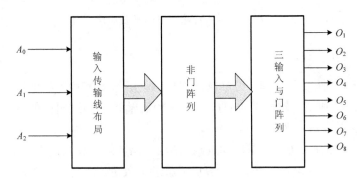

图 3.15　3-8 译码器的原理图

完成 3-8 译码器设计主要面临两个关键问题。第一个问题是三输入与门的设计。两个二输入与门采用级联方式即能够实现三输入与门的设计，但这种结构增加了面积和延时。而采用 Navi 等[17]提出了基于 5 输入择多逻辑门构成的三输入与门，可以有效减小延时和面积。

3-8 译码器设计的第二个关键问题是对输入传输线进行合理布局。长传输线和交叉线自身正确概率都较低，不合理的布线会增加长传输线和交叉线的数量，从而降低电路的正确概率。将输入端设置在器件的对称轴部位，并将部分输入传输线从输出方向布局，可以有效地避免长传输线的出现并减少交叉线的数量。

提出的 3-8 译码器的逻辑结构如图 3.16 所示[15]，该译码器共有 8 个三输入与门，输入 A_1、A_0 从左侧经非门阵列进行非运算，A_2 从右侧(输出端方向)经非门阵列，然后输入信息再进入与门。8 个与门的输入分别是 $\overline{A_2A_1A_0}$、$\overline{A_2A_1}A_0$、$\overline{A_2}A_1\overline{A_0}$、$\overline{A_2}A_1A_0$、$A_2\overline{A_1A_0}$、$A_2\overline{A_1}A_0$、$A_2A_1\overline{A_0}$、$A_2A_1A_0$，对应输出分别是 O_1、O_2、O_3、O_4、O_5、O_6、O_7、O_8。

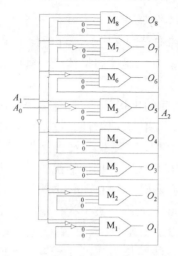

图 3.16　提出的 3-8 译码器的逻辑结构

3. 性能分析与元胞布局

文献[16]提出的译码器有很大的优化空间,元胞布局上有以下三个方面的问题有待改进。

(1)输入信息经较远路径到达输出 O_1,这将导致长传输线的增加。长传输线会增加电路的延时,降低电路的工作频率,又会降低自身的正确概率,进而影响器件的整体正确概率。电路的整体正确概率在一定范围内随着传输线正确概率的变化而急剧变化。基于概率转移矩阵原理采用 MATLAB 对文献[16]提出的译码器进行分析,可得器件各组成元件对器件整体正确概率的影响曲线如图 3.17 所示。其中考虑

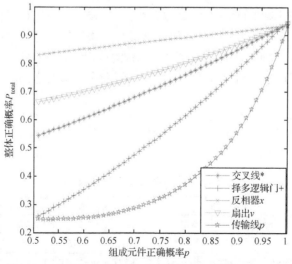

图 3.17　器件各组成元件对器件整体正确概率的影响

某一元件对器件整体正确概率的影响时，设其他元件的正确概率为 0.999。从图中可以看出，传输线的正确概率低于 0.8 时，器件整体正确概率维持在 0.25 左右，而当传输线的正确概率超过 0.8 时，器件的整体正确概率会随着传输线的正确概率的上升而急剧上升。

(2) 忽略了输入传输线之间的串扰效应。长传输线在线距较小时会产生不必要的串扰，串扰使输入信息不能正确传入门器件。这是因为单个元胞的扭结能会随着线距的减小和元胞数目的增加而增加，使线进入亚稳态，从而产生错误翻转。文献[16]中译码器的最长传输线为 136 个元胞，长传输线的最小线距为 3 个元胞，此时串扰效应不可避免。表 3.3 给出了采用 QCADesigner 软件对线与线的串扰进行仿真分析的结果，其中取干扰线长 100 个元胞，被干扰传输线长度为 136 个元胞，两传输线平行排列，线距分别取 2.6～3.7 个元胞，观察输入信息能否在被干扰线中成功传输。从表 3.3 中可以看出，被干扰线线长为 136 个元胞、线距小于 3.2 个元胞时，串扰将导致数据传输的失败。

表 3.3　线对线的串扰仿真结果

传输线间距(元胞数)	2.6	2.8	3.0	3.2	3.3	3.5	3.7
数据传输情况	失败	失败	失败	失败	成功	成功	成功

(3) 交叉线数量较多。交叉线不仅可靠性较低，工艺上的实现也有很大难度，时钟设置的难度会随着交叉线数量的增加而增加，交叉线时钟设置的不合理会造成传输线中数据传输的紊乱。因此，电路设计中应该尽量减小交叉线的数量。

对以上三点改进，可设计出图 3.18 所示的 3-8 译码器[15]。该译码器与文献[16]提出的结构的不同之处主要在于：①输入端设置在器件的对称轴部位；②输入端 A_2 自输出端方向输入；③门器件的元胞布局更加紧凑。将输入端设置在器件的对称轴区域，减小了传输线的长度，降低了延时，也能够提高传输线的正确概率；三输入与门的紧凑排列有效地减小了译码器的面积；将输入 A_0 的传输线布局在输出端方向，减少了交叉线的数目；减小了输入 A_0、A_1 之间的线距，避免了传输线之间的串扰。

4. 仿真分析

设时钟周期为 T，故当输入从状态 "000" 至 "111" 依次变化时，输出 $O_1 \sim O_8$ 的高电平输出如表 3.4 所示。

表 3.4　设计的 3-8 译码器输出

	O_1	O_2	O_3	O_4	O_5	O_6	O_7	O_8
延时	$2.25T$	$2.25T$	$2.25T$	$2.25T$	$2.25T$	$2.25T$	$2.25T$	$2.25T$
高电平输出时刻	$2.25T$	$3.25T$	$4.25T$	$4.25T$	$5.25T$	$7.25T$	$8.25T$	$9.25T$
无效输出时刻	$0\sim2.25T$	$0\sim2.25T$	$0\sim2.25T$	$0\sim1.25T$	$0\sim1.25T$	$0\sim2.25T$	$0\sim2.25T$	$0\sim2.25T$

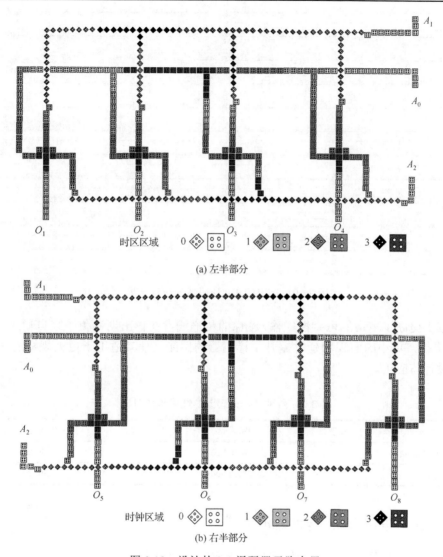

图 3.18　设计的 3-8 译码器元胞布局

基于 QCADesigner 的仿真结果如图 3.19 所示。图中共有 11 条波形，上方 3 条波形为输入 A_2、A_1、A_0 的波形，下方依次为 O_1、O_2、O_3、O_4、O_5、O_6、O_7、O_8 的波形。0 时刻的输入 "000" 对应的高电平输出如图中箭头所示，方形标注的输出为无效输出。

表 3.5 给出两种 3-8 译码器的比较，比较的性能参数主要有：交叉线数量、面积、延时、最大传输线长度（设元胞的尺寸、间距均为 20nm，T 表示一个时钟周期）。比较显示，提出的 3-8 译码器具有明显的优势。最大传输线长度的降低和交叉线数

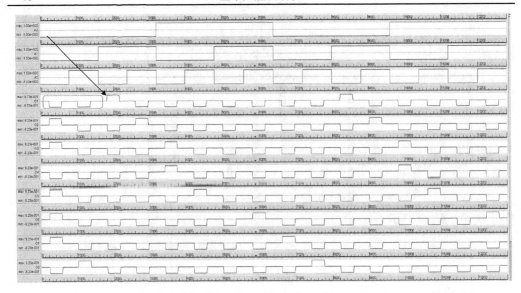

图 3.19　提出的 3-8 译码器的仿真结果

量的减少提高了电路的可靠性，输入 A_0 的传输线设在输出端避免了来自输入 A_1、A_2 的串扰，更小的面积和延时提升了译码器的性能，使其适用于更大规模的 QCA 电路设计与应用。

表 3.5　两种 3-8 译码器的性能参数对比

	交叉线数量	面积/nm²	延时/($T/4$)	最大传输线长度/nm
文献[16]的结构	21	4420×900	11	136×20
提出的新结构[15]	14	2820×900	9	56×20

3.1.4　两点电性 QCA 全加器电路[18]

全加器的和数部分 S 及进位部分 C_o 的逻辑表达式可分别表示为

$$S = \overline{A}\overline{B}C + \overline{A}B\overline{C} + A\overline{B}\overline{C} + ABC = A \oplus B \oplus C \tag{3.11}$$

$$C_o = \overline{A}BC + A\overline{B}C + AB\overline{C} + ABC = AB + (A \oplus B)C$$
$$= \overline{\overline{AB}\ \overline{(A \oplus B)C}} \tag{3.12}$$

根据表达式设计出如图 3.20 所示的全加器逻辑符号，该逻辑符号由两个异或门串联构成全加器和数部分。另外，分别从两异或门的中间引出信号 $\overline{AB}$、$\overline{(A \oplus B)C}$ 作为与非门的输入，则输出为全加器进位部分的输出。

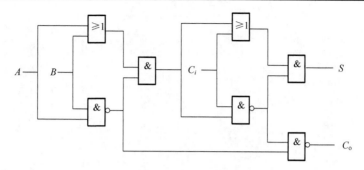

图 3.20　全加器逻辑符号

图 3.21 给出了利用与、或、非门两点 EQCA 设计的全加器电路结构[18]，其中虚线矩形框内的元胞 A、B、C_i 为输入元胞，输出元胞 S 和 C_o 分别为和数和进位，实线矩形框内的元胞为逻辑门的一个给定输入，以保证实现特定逻辑功能。通过将两个异或门引出的信号作为逻辑门的输入可以实现进位的输出。为了确保电路功能的正确性，把电路分成几个不同的时钟区，各时钟区内的 QCA 元胞由不同的 QCA 时钟控制。

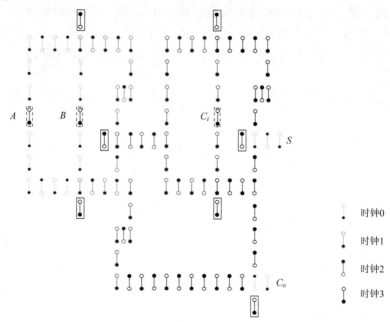

图 3.21　基于两点 EQCA 的全加器电路实现

采用具有有效搜索全局极值功能的遗传模拟退火法[19]对全加器电路进行仿真，仿真过程中的参数设置为：最大迭代次数 $K_{max}=100$，群体规模 $M=20$，初始的退火温度 $T_0=20$，变异概率 $P_{mut}=0.01$，退温系数 $\alpha=0.91$。结果如图 3.22 所示。

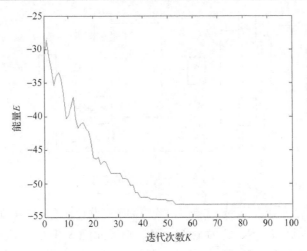

图 3.22　两点 EQCA 的全加器电路仿真结果

　　经过多次的迭代计算，QCA 系统均从初始时刻随机给定的状态进化到最终的稳定状态。由于文章篇幅的限制，只给出一种输入情况的 QCA 系统的初始状态和最终状态示意图。图 3.23(a)、(b)分别为全加器电路 QCA 系统的初始状态和最终状态。取 $A = 0$，$B = 0$，$C_i = 0$ 为例进行仿真，输出结果为 $S = 0$，$C_o = 0$。经过仿真验证，其他输入情况下均能得出正确的结论，验证了该电路功能的正确性。

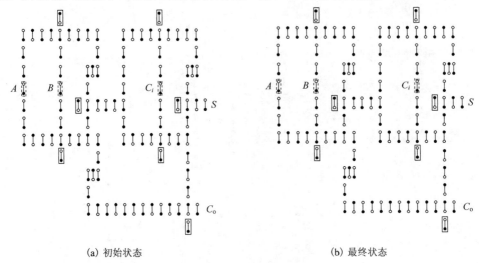

(a) 初始状态　　　　　　　　　　　　　　(b) 最终状态

图 3.23　全加器电路元胞状态

3.1.5　磁性 QCA 全加器电路[22]

　　MQCA 器件拥有重要的非易失性特征这一优点，非易失性即数据在掉电后不丢失。因而研究 MQCA 实现的功能结构尤其是计算电路具有重要的科学意义，这样 MQCA 结构不但能够完成数据计算而且同时能实现数据存储。近来，ITRS 鼓励将 MQCA 和磁随机存储器(Magnetoresistive Random Access Memory，MRAM)结合来实现 MQCA 电路结构[20]。全加器是处理器中最重要的基本计算结构之一，因而本书主要考虑 MQCA 全加器电路。尽管如此，设计人员不能直接把 EQCA 的全加器设计方法运用到 MQCA 电路中，因为 MQCA 器件拥有自己的特点，如邻近纳磁体的反相现象。本节提出六区域绝热磁场时钟，设计一数据锁存模块并结合多功能磁性择多逻辑门实现了一个新颖和实用的 MQCA 全加器，该全加器具有独特的优点：流水线的计算和鲁棒的操作。

1.　流水线 MQCA 全加器[21]

在 MQCA 逻辑系统中，五个纳磁体以十字交叉形式构成的择多逻辑门是主要的计算单元。常用择多逻辑门 M_1 的三输入来源于 NWS 方向(北、西和南方向)纳磁体，如图 3.24 所示。但是，有时应用这种择多逻辑门进行电路设计会需要特别多的纳磁体，因为必须采用冗长的路径来传递一路输入到一个特定的方向，例如，在本节的加法器中需要采用更长的路径将 M_1 的输出传递到 M_3 的南方向。在本书的工作中，我们同时采用 NWE 方向输入(北、西和东方向)磁性择多逻辑门和先前的 NWS 方向输入磁性择多逻辑门来设计全加器。NWE 方向输入择多逻辑门的另一个重要特征是它能立即输入期望的逻辑态，而不需要一次逻辑反相操作。NWE 方向输入择多逻辑门的择多功能可在东方向和西方向路径中各自增加一个纳磁体来实现。

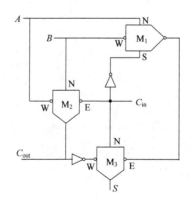

图 3.24　设计的流水线 MQCA 全加器原理图

五个纳磁体构成的 NWE 方向择多逻辑门(从 n、$\bar{w}$、$\bar{e}$ 中择多输出)实现的功能为

$$out = \bar{w} \cdot \bar{e} + n \cdot \bar{e} + n \cdot \bar{w} \tag{3.13}$$

假设 NWE 择多逻辑门北、西和东方向的输入分别为 n、w、e，输出为 out。可以发现五纳磁体 NWE 方向择多逻辑门和常用 NWS 方向择多逻辑门的逻辑表达式 (2.11) 和功能完全不同，取决于其水平方向输入路径中的纳磁体数。

图 3.24 所示的 MQCA 全加器用到一个常用 NWS 方向输入择多逻辑门 M_1、两个非常用 NWE 方向输入择多逻辑门 M_2 和 M_3 以及两个反相器。图 3.25 详细给出了其纳磁体实现版图。A、B 和 C_{in} 分别表示全加器的三个输入，C_{out} 表示进位输出，S 表示和输出。从图 3.25 的版图可见，提出的全加器需要四步来完成一次加法计算。就非常用择多逻辑门版图而言，以图 3.24 中的 M_2 为例，由于其东方向和西方向收到各自的反相输入，这是通过分别在这两个方向路径中增加一个额外的纳磁体来实现的，如图 3.25 中两个纳磁体 R 所示。在全加器计算过程中，通过水平方向的黑色纳磁体设定逻辑状态，将需要执行加操作的三个输入传递到 A、B 和 C_{in}。在择多逻辑门 M_2 的输出端可得到进位输出 C_{out}。为了构建紧凑的版图并使择多逻辑门 M_3 的三个输入同时到达，设计了一个数据锁存区域 C 来实现这个目标。首先，锁存区域 C 必须被置空以阻止数据 C_{in} 前向传递。一旦区域 B 完成转换，区域 C 的高能态才被释放以接受来自于区域 A_3 的输入。将择多逻辑门 M_3 西方向输入的两个纳磁体区域裁剪成三个纳磁体区域来实现 C_{out} 信号"复制"功能（如原理图 3.24 所示，C_{out} 的两次反相相当于原始的 C_{out}）。

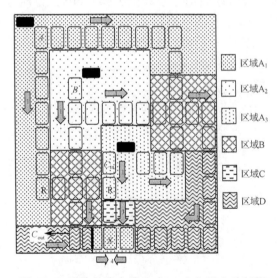

图 3.25 设计的流水线 MQCA 全加器电路版图

图 3.26 给出了提出的六区域三相位绝热磁场时钟的时间矢量图。注意提出的六区域分时绝热磁场时钟表现出了一个精妙的时序[22]（如时序 1：区域 B 和 C 置空，而区域 A_1、A_2 和 A_3 依次转换），它是实现流水线的关键。注意高、低电平均为置空，

只是方向不同而已。$P=1$ 表示时钟场方向朝右，$P=-1$ 表示朝左，而 $P=0$ 表示移除了时钟信号。区域 A_1、A_2 和 A_3 所施加的是移相的同类时钟信号，仅它们的时钟场方向(采用周期移相可以变换两个信号同一时刻的正负性)变化。这个方向变化不仅重新置空了该区域的纳磁体，而且设置了该区域新的输入逻辑态。

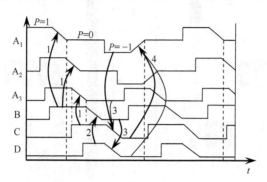

图 3.26　六区域绝热磁场时钟的时间矢量图

2.　OOMMF 仿真验证

图 3.27 中的结果是通过 OOMMF 软件模拟得到的。其中，镍铁纳磁体的尺寸为 50nm×80nm，水平和垂直的纳磁体间距分别为 25nm 和 10nm，阻尼系数 α 为 0.5。注意时间矢量图 3.26 中的"转换"时间值是通过测试最长的路径区域 A_1 得到的。

第一步(四分之一时钟循环)，区域 A_1、A_2 和 A_3 被陆续置为空态。根据图 3.26 的时间矢量图，A、B 和 C_{in} 将分别由输入偏置纳磁体设置为二元"0"、"1"和"1"，而后这些值将被传递到择多逻辑门 M_1 和 M_2，因为区域 B 为"置空"态并会持续很长一段时间。这个现象可通过图 3.27(a)的磁化演化图证实。

第二步，这三个值将同时在 NWS 方向输入择多逻辑门和 NWE 方向输入择多逻辑门进行择多逻辑操作，且它们各自的输出"0"和"1"将被传递到区域 B 并存储在区域 B 两个部分的最后一个纳磁体中，如图 3.27(b)所示。注意锁存区域 C 在这四分之一个时钟循环中开始操作。

第三步，M_2 的逻辑值"1"产生进位并将传递到区域 D。M_1 的逻辑值"0"也将传递到区域 D。同时，锁存区域的"置空"时钟强度将被降低并允许数据 C_{in} 进入区域 C，如图 3.27(c)所示。

第四步，在所有数据被成功传递到 NWE 方向输入择多逻辑门 M_3，和计算操作发生，如图 3.27(d)所示。同时，新的时钟信号(A_1 和 A_2 场方向朝左，A_3 场方向朝右，如图 3.26 所示)重置三个输入区域。图 3.27(a)～(d)详细给出了所有步骤，图中 x 轴方向外部磁场时钟的大小为 100mT。通过提出的六区域三相位时钟，MQCA

全加器的磁化演化图清晰地展示了稳定的转换。提出时钟产生的择多逻辑门同步输入确保了鲁棒和流水线的逻辑操作。

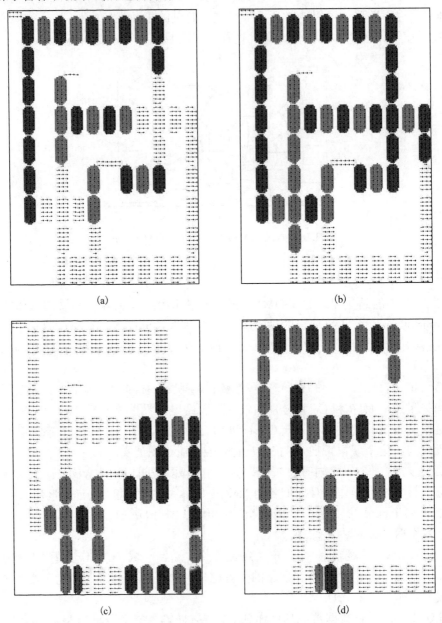

图 3.27　流水线 MQCA 全加器仿真结果($A = 0$，$B = 1$ 和 $C_{in} = 1$)

图 3.28 给出了设计的 MQCA 全加器的瞬态输入输出磁化波形，该仿真遍及了输入信号 A、B 和 C_{in} 的所有八个可能组合。和位及进位输出证实了 MQCA 全加器

的功能。一个时钟周期内进位功能（C_{out}）的延迟为 15ns，和功能（S）的延迟为 14ns。除了最重要的流水线和鲁棒性特征，该 MQCA 全加器不需要脆弱的共面线交叉，而且该结构非常紧凑和简单。此外，与非流水线 MQCA 全加器[23]设计相比，其版图区域减少了约 10%。

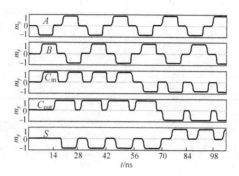

图 3.28　流水线 MQCA 全加器的瞬态输入输出波形

3.2　QCA 时序逻辑电路

3.2.1　电性 QCA 模可变计数器[24]

模可变计数器也是一种基本的时序逻辑功能模块，由其名称可知它的计数模式是可调的，因而功能比一般的计数器更加丰富，可用于实现系统定时、分频、执行数字运算以及控制等逻辑功能[25]。

图 3.29 为该两位模可变计数器原始状态图[24]。当模式控制信号 $M_2M_1 = 00$ 时，计数器的输出信号保持 $Q_2Q_1 = 00$ 不变；当 $M_2M_1 = 01$ 时，Q_2Q_1 的变化规律为 $00 \rightarrow 01 \rightarrow 00 \rightarrow \cdots$，即模 2 计数；当 $M_2M_1 = 10$ 时，Q_2Q_1 的变化规律为 $00 \rightarrow 01 \rightarrow 11 \rightarrow 00 \rightarrow \cdots$，即模 3 计数；当 $M_2M_1 = 11$ 时，Q_2Q_1 的变化规律为 $00 \rightarrow 01 \rightarrow 11 \rightarrow 10 \rightarrow 00 \rightarrow \cdots$，即模 4 计数。由此可得该计数器的状态转移表，如表 3.6 所示。

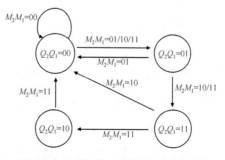

图 3.29　两位模可变计数器状态图

表 3.6　　计数器状态转移表

Q_2^n	Q_1^n	Q_2^{n+1}		Q_1^{n+1}	
		M_2		M_1	
		00	01	11	10
0	0	00	01	01	01
0	1	00	00	11	11
1	1	00	00	10	00
1	0	00	00	00	00

表 3.6 反映了计数器的下一个输出信号 Q_2^{n+1}、Q_1^{n+1} 与当前输出信号 Q_2^n、Q_1^n 以及控制信号 M_2M_1 之间的逻辑关系，图 3.30 为该逻辑函数的卡诺图表示。

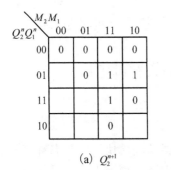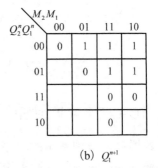

(a) Q_2^{n+1}　　　　　　　　　(b) Q_1^{n+1}

图 3.30　逻辑函数的卡诺图

由两个卡诺图可得具体的逻辑函数表达式：

$$Q_2^{n+1} = \overline{Q_2^n} Q_1^n M_2 M_1 + \overline{Q_2^n} Q_1^n M_2 \overline{M_1} + Q_2^n Q_1^n M_2 M_1$$
$$= \overline{Q_2^n} Q_1^n M_2 + Q_2^n Q_1^n M_2 M_1 \tag{3.14}$$

$$Q_1^{n+1} = \overline{Q_2^n} \overline{Q_1^n} \overline{M_2} M_1 + \overline{Q_2^n} \overline{Q_1^n} M_2 M_1 + \overline{Q_2^n} Q_1^n M_2 \overline{M_1} + \overline{Q_2^n} Q_1^n M_2 M_1 + \overline{Q_2^n} Q_1^n M_2 \overline{M_1}$$
$$= \overline{Q_2^n} \overline{Q_1^n}(M_1 + M_2 \overline{M_1}) + \overline{Q_2^n} Q_1^n M_2$$
$$= \overline{Q_2^n} \overline{Q_1^n}(M_1 + M_2) + \overline{Q_2^n} Q_1^n M_2 \tag{3.15}$$

使用 JK 触发器作为存储器件，其状态转移方程为 $Q^{n+1} = J\overline{Q^n} + \overline{K}Q^n$。结合式 (3.14) 和式 (3.15) 可得两 JK 触发器的激励函数分别为

$$J_2 = Q_1^n M_2, \quad K_2 = \overline{Q_1^n M_2 M_1} \tag{3.16}$$

$$J_1 = \overline{Q_2^n}(M_1 + M_2), \quad K_1 = \overline{\overline{Q_2^n} M_2} \tag{3.17}$$

以上两式中，J_2、K_2 分别表示 JK 触发器 2 的 J、K 输入端，J_1、K_1 分别表示 JK 触发器 1 的 J、K 输入端，M_2、M_1 表示计数器的两位模式控制信号，Q_2^n、Q_1^n 分别表示 JK 触发器 2、1 输出端的当前状态。由式(3.16)、式(3.17)可得该计数器的原理图[24]，如图 3.31 所示。经 National Instruments 公司 Multisim 10.0 软件仿真，该电路可正确实现设计的计数功能。

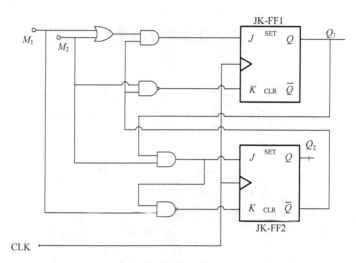

图 3.31　提出的两位模可变计数器原理电路图

这里设计的两位模可变计数器中使用了两个 JK 触发器，采用了 Kong 等设计的 JK 触发器版图[26]，如图 3.32 所示，图中 J、K 分别表示 JK 触发器的两输入端，Q 表示 JK 触发器的输出端。该触发器结构简单，在元胞数目、版图面积和延迟等方面相比其他 JK 触发器均有明显的优势。

为保证电路正常工作，QCA 版图必须按照上述规则进行设计和优化。由于共面交叉线结构鲁棒性较低，因此在保证功能实现的前提下需尽量减少其数量，该计数器版图中只使用了一次共面交叉线结构。为减少元胞数目，节约版图面积，方便时钟设置，在设计版图时将两 JK 触发器 K 输入端处的反相器结构与其前端与非门中的反相器相抵消，经验证不影响电路功能的正确实现。元胞布局完成后进行时钟布线，在满足时序逻辑对时钟要求的同时，还要尽量减小电路的延时。最终得到的版图[25]如图 3.33 所示，图中元胞的不同灰度表示不同的时钟区域。

该计数器版图中共有 308 个元胞，版图面积 $0.38\mu m^2$，JK 触发器延时为一个时钟周期，各信号输入端到两 JK 触发器各输入端的延时均为一个时钟周期，从两触发器输出端到两触发器各输入端的反馈回路的延时均为一个时钟周期，计数器总体延时为两个时钟周期。

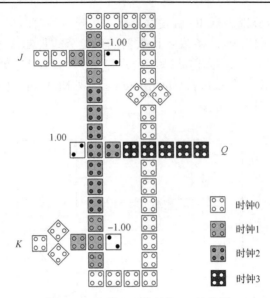

图 3.32　文献[25]提出的 JK 触发器

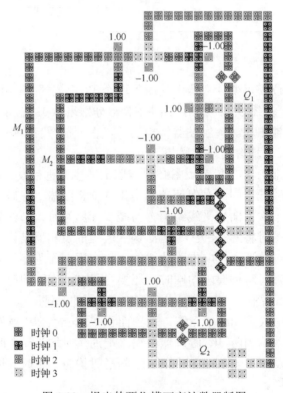

图 3.33　提出的两位模可变计数器版图

使用QCADesigner中的双稳态仿真法得到该计数器的仿真结果,如图3.34所示。各图中前两个波形分别为 M_2 和 M_1,第三、第四个波形分别为 Q_2 和 Q_1。当 $M_2M_1 = 00$ 时,计数器的输出信号始终为 $Q_2Q_1 = 00$,称作置零模式;当 $M_2M_1 = 01$ 时,计数器进行模 2 计数;当 $M_2M_1 = 10$ 时,计数器进行模 3 计数;当 $M_2M_1 = 11$ 时,计数器进行模 4 计数。

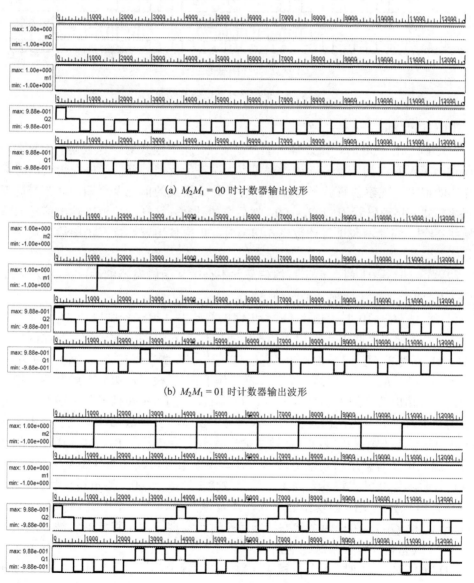

(a) $M_2M_1 = 00$ 时计数器输出波形

(b) $M_2M_1 = 01$ 时计数器输出波形

(c) $M_2M_1 = 10$ 时计数器输出波形

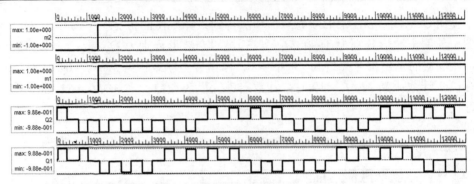

(d) $M_2M_1 = 11$ 时计数器输出波形

图 3.34　模可变计数器仿真结果

下面具体分析上述仿真波形。

(1) 当 $M_2M_1 = 00$ 时，计数器处于置零模式，这一模式对该计数器非常重要。众所周知，QCA 存在初始状态随机的现象[27]，这对带反馈回路的时序逻辑电路的正常工作影响很大，观察仿真波形可知，在每个计数模式的前几个周期，计数器均工作于置零模式，将输出置为 $Q_2Q_1 = 00$，然后开始计数，这样即可消除输出信号的随机初始状态[25]。同理，在进行计数模式切换时，也应使用置零模式消除输出端随机初始状态。

(2) 当 $M_2M_1 = 01$ 时，由于反馈信号并不会改变两触发器的输入，$Q_2Q_1 = 00$ 和 $Q_2Q_1 = 01$ 两个状态均持续一个时钟周期。

(3) 当 $M_2M_1 = 10$ 时，由于 QCA 电路的特殊性，模式控制信号 M_2 并非一直为 $M_2 = 1$，而是采用周期为 5 个时钟周期，占空比为 60% 的方波信号。其原因如下，若 M_2 一直保持为 $M_2 = 1$，当输出 $Q_2Q_1 = 01$ 时，JK 触发器的下一个输入为 $J_1 = 1$，$K_1 = 0$，$J_2 = 1$，$K_2 = 1$，即第一个触发器工作于置 1 模式，第二个触发器工作于翻转模式，故输出信号的下一个状态为 $Q_2Q_1 = 11$，由于 QCA 信号传输线存在延时，此后的一个时钟周期内两触发器的输入信号仍保持不变，故第二个触发器仍工作于翻转模式，Q_2 输出端翻转为 0，计数器输出状态变为 $Q_2Q_1 = 01$，这造成计数顺序的混乱。因此仿真时采用特定的方波信号，该控制信号可在计数状态变为 $Q_2Q_1 = 11$ 后利用计数器置 0 模式将其置为下一个有效状态 $Q_2Q_1 = 00$，避免错误状态的出现。由于反馈信号会改变两触发器的输入，而反馈回路存在一个时钟周期的延时，故 $Q_2Q_1 = 00$ 和 $Q_2Q_1 = 01$ 两个状态持续两个时钟周期，由于特定的方波控制信号，$Q_2Q_1 = 11$ 状态只持续一个时钟周期。

(4) 当 $M_2M_1 = 11$ 时，由于在模 4 计数工作过程中两触发器均不会工作于翻转模式，因此不需要采用特殊的模式控制信号，四个计数状态均持续两个时钟周期。

3.2.2 电性 QCA JK 触发器和计数器

文献[28]设计了电平 EQCA RS 触发器(Flip Flop,FF),这是一个新颖的结构。图 3.35 给出其原理图和真值表。但是此设计没有 CP 输入,仅有设置端 S 和复位端 R 两个输入端用于电平(level input)触发。

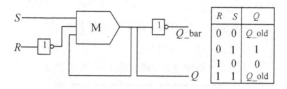

图 3.35 EQCA RS 触发器的原理图和真值表[27]

相似地,利用上述 RS 触发器可以构建一个通用的高电平(level input=1)触发 JK 触发器结构,该 JK 触发器三个输入端分别为 J、K 和 level input。这里没有给出它的版图,仅描述了电平触发 JK 触发器的原理,如图 3.36 所示。但是,这种形式的 JK 触发器存在一个致命缺点,如果高电平持续时间长,EQCA 电平触发结构对噪声很敏感。也就是如果固定高电平周期较长,JK 触发器的输出 Q 可能会发生多次翻转[29]。

图 3.36 电平触发的 JK 触发器

为了避免上述不稳定现象,需要边沿触发机制,这样 EQCA JK 触发器只在输入时钟 CP 信号的下降沿才工作。由于下降沿持续时间很短,因而 JK 触发器不会发生多次翻转。这种触发模式的 EQCA JK 触发器能抗噪且更加稳定,可以广泛应用于 EQCA 时序电路的设计。

1. 提出的两种下降沿触发结构[27]

这里采用时钟脉冲 CP 输入下降沿触发模块加入 level input 端来设计边沿触发 JK 触发器。注意这里的 CP 不同于 EQCA 时钟区域信号,EQCA 时钟区域信号控制数据的流动而 CP 是触发器的一个输入。采用单元胞区域输出和基本逻辑组件提出了两种下降沿触发实现,提出的两种触发结构的版图如图 3.37 所示。这里仍采用不同灰度表示不同的时钟区域(图 3.1),注意后续设计均采用这些灰度图标来代表不同的时钟区域。表 3.7 和表 3.8 为触发结构真值表。

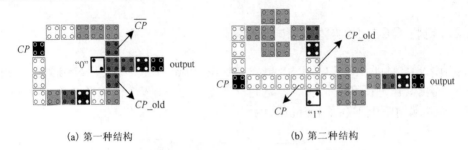

(a) 第一种结构　　　　　　　　　　(b) 第二种结构

图 3.37　提出的下降沿触发结构版图

表 3.7　与图 3.37(a) 结构对应的真值表

CP	$\overline{CP}$	CP_old	输出(与)
1	0	1	0
1→0	1	1	1
0	1	0	0
0→1	0	0	0

表 3.8　与图 3.37(b) 结构对应的真值表

CP	CP	$\overline{CP}$_old	输出(或非)
1	1	0	0
1→0	0	0	1
0	0	1	0
0→1	1	1	0

　　提出的两种下降沿触发结构含有 EQCA 单元胞区域输出保持特性和流水线时钟特征。第一种结构如图 3.37(a) 所示，CP 的逆信号和 CP 的延迟信号(可以得到 CP 变化前的状态)进行了一个与操作。从表 3.7 所示的真值表可以清晰地看到这个操作过程。在 CP 的下降沿，下降沿触发结构的输出为 "1"，从而引起 JK 触发器的状态转移，此时 level input = 1。因此 JK 触发器的输出 Q(如果 $J = K = 1$)能够发生状态改变的唯一时刻就是时钟 CP 从 "1" 变到 "0" 的那个短暂的时刻，数据在下降沿结束时被锁存。第二种结构如图 3.37(b) 所示，CP 和其变化前状态的逆信号先或操作，再取非。它的计算原理和对应的真值表如表 3.8 所示。同第一种结构的功能相似，JK 触发器输出 Q 的状态也只在 CP 的下降沿才改变。

　　2. EQCA 下降沿触发的 JK 触发器[29]

　　采用上述的下降沿触发结构来设计下降沿触发的 JK 触发器。提出的 EQCA JK

触发器由 EQCA 逻辑与、或和非门元件构成。JK 触发器的原理图如图 3.38 所示，虚线盒子表示下降沿触发模块。JK 触发器的状态转移方程为

$$Q^{n+1} = \overline{\text{level input}} \cdot Q^n + (\text{level input}) \cdot (J \cdot \overline{Q^n} + \overline{K} \cdot Q^n) \tag{3.18}$$

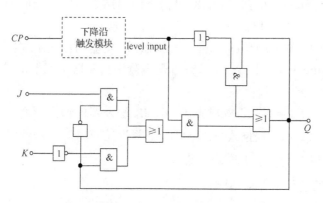

图 3.38　EQCA JK 下降沿触发器的原理图

采用第一种下降沿触发结构(更稳定)实现的 JK 触发器版图如图 3.39 所示。图中 J、K 和 CP 为输入，Q 和 $\overline{Q}$ 为输出；含有两个电子的元胞为固定逻辑态。当 CP 的下降沿到来时，level input = 1，JK 触发器将根据 J 和 K 的值进行不同的操作。

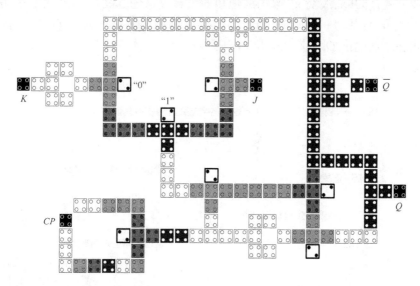

图 3.39　EQCA JK 下降沿触发器的版图

EQCA JK 触发器功能的详细描述如下。

(1)如果 J = 0、K = 0 且 level input = 0，JK 触发器的输出不变；当 CP 的下降沿

到来时，level input = 1，根据式(3.18)可得下降沿结束时触发器的输出为 $Q^{n+1} = Q^n$，这也可称为"保持"过程。

(2)如果 $J = 0$、$K = 1$ 且 level input = 0，JK 触发器的输出不变；当 CP 的下降沿到来时，level input=1，根据式(3.18)可得下降沿结束时触发器的输出为 $Q^{n+1} = 0$，即 JK 触发器的"置 0"过程。

(3)如果 $J = 1$、$K = 0$ 且 level input = 0，JK 触发器的输出不变；当 CP 的下降沿到来时，level input = 1，根据式(3.18)可得下降沿结束时触发器的输出为 $Q^{n+1} = 1$，即 JK 触发器的"置 1"过程。

(4)如果 $J = 1$、$K = 1$ 且 level input = 0，JK 触发器的输出不变；当 CP 的下降沿到来时，level input = 1，根据式(3.18)可得下降沿结束时触发器的输出为 $Q^{n+1} = \overline{Q^n}$，这时 JK 触发器相当于一个 1 位计数器。

3. EQCA 同步计数器电路[29]

采用 JK 触发器和其他逻辑元件可以设计时序电路。数字系统中广泛运用的时序电路有计数器和移位寄存器，如计数器可用于记数脉冲、定时和分频。本章设计了模 4 和模 8 计数器。图 3.40 所示为应用下降沿 JK 触发器实现的模 4 计数器版图。该结构用到两个 JK 触发器，它们受同一时钟 CP 控制。电路版图采用 EQCA 中特殊的布线方式(即共面线交叉)来构成理想的设计。从图 3.40 可见，第一个 JK 触发器的输入 J_0 和 K_0 置"1"，其输出 Q_0 连接第二个 JK 触发器。输出 Q_0 在每个下降沿均改变状态，而输出 Q_1 只在 Q_0 从"1"变到"0"时才变换状态。

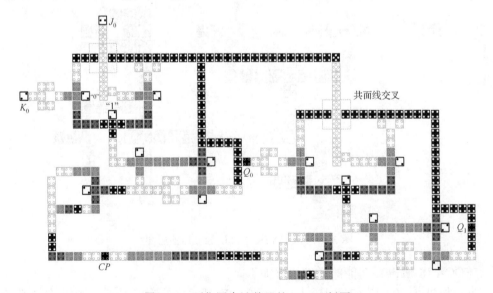

图 3.40　两位同步计数器的 EQCA 版图

进一步地，根据图 3.41 所示的三位(模 8)同步计数器的原理图，其 EQCA 版图结构如图 3.42 所示。模 8 计数器的驱动方程为

$$J_0 = K_0 = 1, \quad J_1 = K_1 = Q_0, \quad J_2 = K_2 = Q_0 \cdot Q_1 \tag{3.19}$$

每一个 JK 触发器的状态转移方程为

$$\begin{cases} Q_0^{n+1} = \overline{Q_0^n} \\ Q_1^{n+1} = Q_0^n \cdot \overline{Q_1^n} + \overline{Q_0^n} \cdot Q_1^n \\ Q_2^{n+1} = Q_0^n \cdot Q_1^n \cdot \overline{Q_2^n} + \overline{Q_0^n \cdot Q_1^n} \cdot Q_2^n \end{cases} \tag{3.20}$$

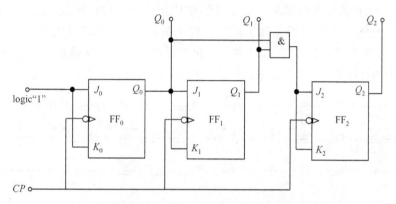

图 3.41　三位同步计数器的原理图

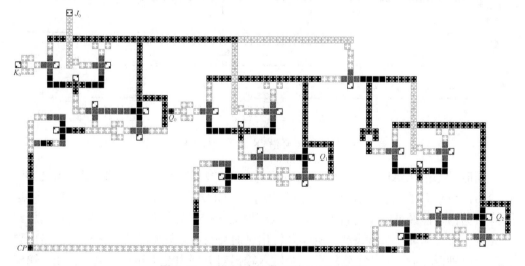

图 3.42　三位同步计数器的 EQCA 版图

使用 n 个触发器的计数器电路有 2^n 个可能的状态。因此，模 8 计数器可从十进

制 0 数到十进制 7，$Q_2Q_1Q_0$ 的状态为 000→001→010→011→100→101→110→111。更大位的计数器可以通过巧妙地增加 JK 触发器位片来实现。

4. QCADesigner 模拟验证[29]

为了清晰地验证和说明提出的下降沿 JK 触发器的功能，用 QCADesigner 工具对图 3.39 中的电路进行仿真，元胞尺寸为 20nm×20nm，JK 触发器的输入和输出波形如图 3.43 所示。其中输入测试向量 J = 1111001111，K = 0011001111，同时 CP = 1010101010。从输出 Q 可见，JK 触发器只在 CP 的下降沿才发生翻转，其功能与上述分析完全一致。图 3.43 中分别用黑色箭头和虚线标出了转移状态和对应的 CP 下降沿。由图 3.39 中圆圈标注出的部分版图可见，该下降沿结构包含四个时钟区域，故其延时为一个时钟循环；此外，JK 触发器主体也经历了四个时钟区域，其延时也为一个时钟循环，故 EQCA JK 触发器电路的总延时为两个时钟循环。因此对于输出端，Q 在 CP 作用两个时钟循环（八个时钟区域）后才可用，如图 3.43 中的细点划线所示。

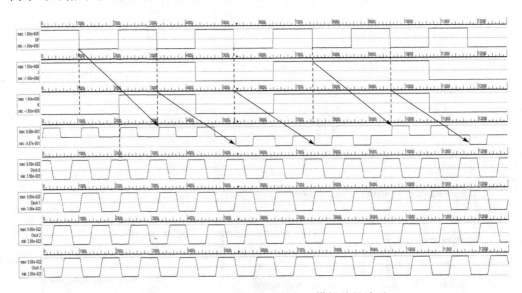

图 3.43   提出的下降沿 JK 触发器模拟结果波形

同时，采用 QCADesigner 工具对同步计数器的功能也进行了模拟。为简洁起见，仅给出两位计数器的仿真结果，其输入和输出波形如图 3.44 所示。因为 CP 在到达下降沿结构之前经过四个时钟区域，故其延时为一个时钟循环；而 JK 触发器的总延时为两个时钟循环。因而通过分析输入输出延时可得，计数器的第一个有效输出出现在三个时钟循环后。第一个到最后一个输入输出对分别用箭头和粗点划线标出。输出状态 Q_1Q_0 经历了 01→10→11→00→01，即从十进制 1 到 3，又回到 1。即计数器的随机初始状态是 01，当下降沿到来时，JK 触发器被触发，计数器便从 01 开始计数。

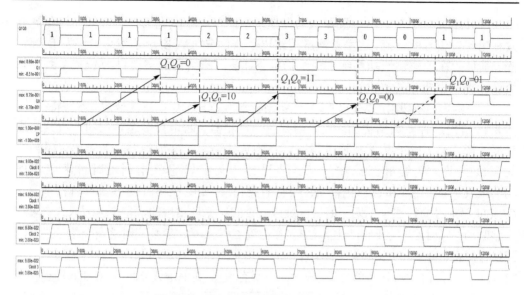

图 3.44　两位同步计数器的模拟结果波形

表 3.9 列出了不同位长计数器所需要的元胞数、版图面积和延迟时间。通过该表可以粗略计算出计数器所使用的元胞增长率约为 0.85，版图面积增长率约为 0.9。同时 n 位计数器的输入输出延时为 $2n-1$ 个时钟循环。

表 3.9　计数器特征对比

名　　称	元胞数	版图区域/μm^2	延　　时
两位计数器	328	0.62	3 个时钟循环
三位计数器	616	1.2	5 个时钟循环
四位计数器	1130	2.2	7 个时钟循环

在计数器的版图设计中包含一些共面线交叉，如图 3.40 和图 3.41 的矩形所示。仿真中发现为了防止相互影响，共面线交叉中的垂直元胞链和水平传递线必须位于不同的时钟区域，否则计数器不能得到正确的结果。此外，由于真实设定 EQCA 系统的初态较难，故 EQCA 计数器的初始状态不定。文献[30]给出了一种设定初态的方法，但也没很好地解决这个问题。故在计数器的仿真中，这里是根据 Q_1Q_0 的随机状态得到了模拟结果，但这并不影响计数器的功能。

3.2.3　电性 QCA 双边沿触发器[31]

当今，更高的时钟速度、增加的集成水平和按比例缩小特征引起了电路功耗成倍增加。故如何实现低功耗成为现代 VLSI 电路的一个关键问题，因而研究者利用

CMOS 技术提出了双边沿触发器低功耗数字电路[32]，该型电路拥有降低功耗和更有效利用时钟信号的优点。这里首次应用纳电子器件 EQCA 实现了双边沿触发 D 触发器。其目的在于构建低功耗纳米级结构电路，该功能结构的实现将给 EQCA 数字系统设计提供重要的基本模块。

　　这里提出的双边沿触发 D 触发器结构同样利用 EQCA 中时钟区域的流水线特征[31]。图 3.45 给出这种新颖结构的版图，用到三个反相器、四个择多逻辑门和一次共面线交叉。图 3.45 中 CP 为时钟脉冲输入，D 为数据输入，Q 为触发器的输出，用到的共面线交叉如实线椭圆标注所示。该设计的关键思想就是利用时钟区域实现 CP_old（CP 的旧态）和 $\overline{CP}$（当前 CP 状态的反相），如图 3.45 中虚线椭圆标注所示。CP_old 是通过安排连续的四个时钟区域或一个时钟循环实现的，每个区域只含有单一元胞驱动，同时 CP 的反相产生了 $\overline{CP}$。在得到 CP_old 和 $\overline{CP}$ 后，对这两个信号进行同或操作。也就是当 CP_old 和 $\overline{CP}$ 为相同的逻辑状态时，双边沿触发结构将输出高电平"1"，这将引起触发器状态的转移（假设高电平有效）。其中虚线方框 a、b 和 c 描述整个同或操作，它们分别代表 $(CP\_old \cdot \overline{CP})$、$(\overline{CP\_old \cdot \overline{CP}})$ 和 $(\overline{CP\_old \cdot \overline{CP}} + CP\_old \cdot \overline{CP})$。这样便实现了双边沿触发模块。接下来，同或后的输出（也就是双边沿触发模块的输出）和 D 进行一次与操作便产生了双边沿触发 D 触发器的输出 Q。根据逻辑计算原理，触发器输出 Q 的状态仅在 CP 的上升沿和下降沿跟踪数据输入 D。

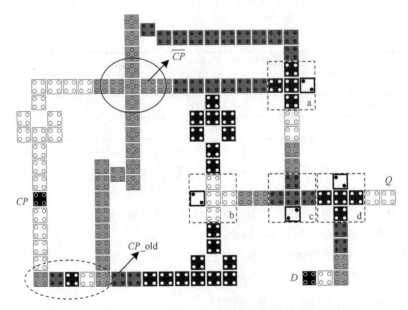

图 3.45　提出的 EQCA 双边沿触发的 D 触发器结构

利用 QCADesigner 软件对这个低功耗电路进行版图实现和仿真，该双边沿触发

D 触发器的输入和输出波形如图 3.46 所示。从输出 Q 可以发现触发器仅在 CP 的两个边沿才工作，将状态转移和对应的 CP 边沿用箭头标出，见图中第一个上升沿 R1 和第一个下降沿 F1。以 CP 的第一个上升沿 R1 为例，由于数据 D 输入逻辑 "1" 且双边沿触发模块产生高电平，这是双边沿触发 D 触发器的输出 Q 为 "1"，成功地跟踪了数据输入。一方面，由于双边沿触发模块中 $\overline{CP}$ 和 CP_old 的产生经历了四个时钟区域(从输入 CP 到方框 b)，因而其延时刚好为一个时钟循环；另一方面，后续的操作(也就是方框 b、c 和 d)也经历了四个时钟区域，其延时也为一个时钟循环，因而该 D 触发器结构的总延时为两个时钟循环。故输出端 Q 在 CP 出现两个时钟循环后的输出才是有效的，如图 3.46 中虚线椭圆标注所示。

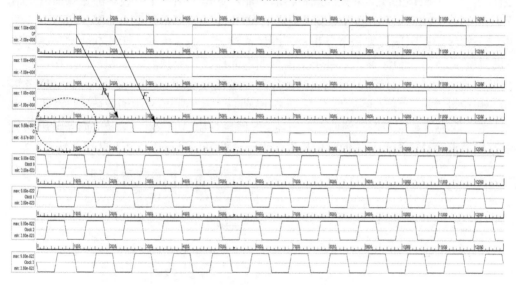

图 3.46　EQCA 双边沿触发器的模拟结果波形

3.2.4　磁性 QCA 环形振荡器[33]

作为候选的下一代 CMOS 替代技术器件，MQCA 已被证明能够实现简单的功能模块或电路，如采用辅助模块构建的扇出结构、全局时钟逻辑门和一位全加器[34,35]，这些功能模块和结构的设计为组合电路的实现奠定了坚实的基础。但是这些电路没有一个能进行跟踪计算，这是因为目前还没有可用的 MQCA 信号反馈结构。在本书中，作者合理运用 MQCA 器件独特的形状特征和时钟场构思并设计了两种信号反馈结构[33]，通过典型的基于信号反馈的 MQCA 环形振荡器时序结构验证了该思想。特别地，给出了三级环形振荡器的模拟结果并进一步研究了采用上述反馈方案的不同级长环形振荡器的性能。目的在于实现 MQCA 跟踪计算结构以及如何利用不同形状纳磁体设计磁耦合的时序功能结构。

1. 两种信号反馈结构[33]

环形振荡器(Ring Oscillator，RO)是现代电子学中的一种重要时序电路结构[36,37]，对于 MQCA 器件也是如此，而环形振荡器的一个关键问题就是要有反馈路径。层叠多级反相器构成的环形振荡器的通用形式如图 3.47 所示，其中"I"代表输入端，而"O"代表输出端，反馈路径为一条互连线。

在早期的 EQCA 器件中，信号反馈互连线可通过直线排列元胞并对其时钟顺序驱动[31]而得到。这是由于相邻 EQCA 元胞通常保持为相同逻辑态，输出可直接反馈到输入。而 MQCA 器件则不同，因为 MQCA 结构中的逻辑传递取决于纳磁体数量，例如，含有偶数个纳磁体的线阵列完成反相器的功能。这里采用一个三级环形振荡器研究信号反馈的实现。三个反相器直接层叠构成的 MQCA 三级环形振荡器如图 3.48 所示，图中每个实线方框区域代表一个反相器，虚线箭头表示振荡中纳磁体阵列的某一磁化指向状态。此外，白色区域表示环形振荡器的前向路径，而黑色区域表示环形振荡器的反馈路径。为了实现振荡，输出需要被反复写进输入端(即反馈到输入端)，这样逻辑"0"和逻辑"1"才会在纳磁体 O 中交替出现。但是，图 3.48 中的黑色区域并不能实现反馈，因为该结构中返回到输入纳磁体 I 的信号是输出的反相逻辑态，而非输出的复制，因此振荡功能失效。下面我们构思并设计了两种信号反馈方案及其电路实现[33]。

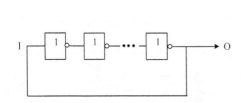

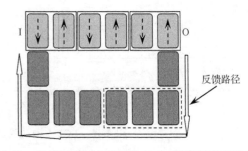

图 3.47　环形振荡器的一般形式　　　图 3.48　直接层叠反相器型 MQCA 环形振荡器结构

设计 1：第一种信号反馈结构依赖不同纵横比的 MQCA 器件。裁剪图 3.48 中虚线矩形块所示的三个纳磁体区域成为四个纳磁体区域，裁剪后的结构如图 3.49(b) 中虚线矩形所示，也就是在同一功能结构中采用不同纵横比的纳磁体并改变反馈路径中纳磁体的数量。通过这个设计，在纳磁体 I 中每次都可以得到和输出端相同的逻辑值，这是因为增加了一个纳磁体到反馈路径，这样反馈路径含有奇数个纳磁体，因而有效的信号反馈得以实现。但是，提出的这个设计方案包含两个关键点：一是必须在纳磁体 A 下面放置一个适度大小的纳磁体 F_1，也就是要使 F_1 和 A 的纵横比几乎相同，如图 3.49(b) 所示。定量地说，F_1 约等于 A 的 90%(通过多次仿真得出)大小。当纳磁体 F_1 占据了一个大的区域时，它会使纳磁体 F_2 和纳磁体 A 间的耦合很弱，从而避免了 F_2 错误地翻转到与 A 相同的状态。这样来自于纳磁体 F_1(而不是

A)的强耦合会输出反相信号到纳磁体 F_2 中，进而纳磁体 A 的输出状态将会传递到纳磁体 F_3；二是要确保较小的纳磁体 F_3 能够有效驱动含有混合磁各向异性的纳磁体 B，否则纳磁体 B 不翻转，信号反馈方案也会失败。该问题的解决方法是设计一个比纳磁体 B 一半尺寸大的纳磁体 F_3 来进行驱动。此外，将这两个纳磁体靠得更近以确保纳磁体 B 的驱动。

设计 2：第二种信号反馈结构的思想是利用倾斜边沿纳磁体形状。那就是额外增加两个含有倾斜边沿的纳磁体到反馈路径。文献[38]的实验已证实倾斜边沿可使纳磁体在没有任何驱动时表现出一首选磁化状态。当然，纳磁体的首选磁化最终显示什么逻辑状态(即磁化是指向上还是指向下)是由倾斜边沿的位置以及纳磁体初始的亚稳态磁化方向决定的。提出的倾斜边沿纳磁体反馈结构如图 3.49(d)所示。图 3.49(d)中，纳磁体 S_1 的右下边沿发生倾斜，而纳磁体 S_2 的左下边沿发生倾斜。因而在朝右的 x 轴空态时钟场移除后，纳磁体 S_1 将表现出一首选的向上磁化，而纳磁体 S_2 首选磁化方向指向下。信号的反馈通过不同方向的时钟来实现，具体概括为：如果纳磁体 O 表现出逻辑"1"态，则在振荡开始时，运用一朝右的 x 轴时钟场。这样，纳磁体 A、S_1 和 S_2 产生的择多逻辑组合效应将最终使纳磁体 F_N 磁化指向下，呈现和纳磁体 O 相反的状态。接下来，纳磁体 O 会表现出逻辑"0"态，再对电路运用一朝左的 x 轴时钟场。就这样循环运行时钟，输出态将被不断并且成功地反馈进输入端，从而振荡也可实现。

本书中构思了两种方法来实现 MQCA 中的信号反馈结构。基于这个思想设计了一个 MQCA 三级环形振荡器电路，其版图如图 3.49(a)所示[33]。特别地，这里还给出了环形振荡器转换的时钟场信号，如图 3.49(c)所示，高电平表示沿着纳磁体难磁化轴方向磁场时钟，而低电平表示没有应用时钟。在图 3.49(c)中，白色线表示用于驱动前向路径中 6 个白色纳磁体的时钟信号，而黑色线表示驱动反馈路径中全部 9 个纳磁体的时钟信号。

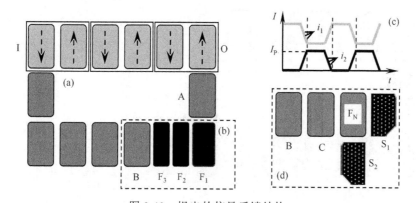

图 3.49　提出的信号反馈结构

(a)三级 MQCA 环形振荡器；(b)采用不同纵横比纳磁体的信号反馈结构；(c)图(a)环形振荡器用到的时钟场；(d)采用倾斜边沿纳磁体的信号反馈结构

2. 环形振荡器性能分析[33]

采用 OOMMF 软件来验证两种 MQCA 信号反馈结构的功能并研究环形振荡器的性能。以图 3.49(a) 中的环形振荡器结构为例，书中详细给出了磁化状态演化图以及振荡特性随时间变化的曲线。其中，镍铁合金纳磁体 F_1 和 F_2 或 F_3 的尺寸分别为 45nm×100nm×20nm 和 35nm×100nm×20nm，所有其他纳磁体的尺寸为 50nm×100nm×20nm。阻尼系数 α 为 0.5，F_3 和 B 以及 F_3 和 F_2 之间的间距均为 5nm，其他间距为 15nm。输出纳磁体 O 初始化为逻辑"1"态。

设计的第一种信号反馈结构和环形振荡器的模拟结果如图 3.50 所示。从图 3.50(a)～(c) 可见，反馈设计 1 操作正确，且环形振荡器也表现出了正确的功能。首先，运用提出的信号反馈结构，初始逻辑"1"被成功返回到输入纳磁体 I，这样在输出纳磁体 O 端获得了逻辑"0"，如图 3.50(b) 所示。接下来，逻辑"0"将被反馈到输入，如图 3.50(c) 所示。结果逻辑"1"和"0"在输出纳磁体 O 中不断循环，振荡发生。图 3.50(d) 给出了环形振荡器在两个周期内的时间曲线，这也准确证实了提出的环形振荡器电路的有效性。下面对不同级长环形振荡器的特征进行了比较，

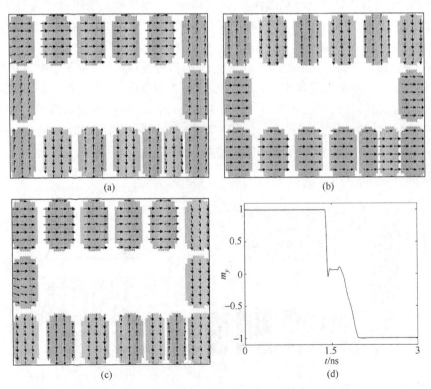

图 3.50　信号反馈结构 1 和环形振荡器的试验结果

(a)～(c) OOMMF 模拟的环形振荡器磁化状态随时间的演化图；(d) 输出纳磁体 O 的振荡曲线

模拟得到了不同级长环形振荡器的振荡频率。从图 3.51 可见，两种信号反馈结构环形振荡器的振荡频率变化趋势相同。随着环形振荡器的级长数增加，振荡频率明显降低。然而，相同级数下第一种设计结构比第二种设计结构的振荡频率稍高，三级环形振荡器的频率约为 200MHz。

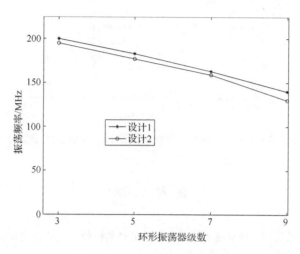

图 3.51　两种反馈结构构成环形振荡器的性能对比

　　注意，这里的振荡频率和 CMOS 相比较低，主要是由于采用了较慢转换速度的纳磁体材料，最近研究已表明单个纳磁体的转换速度可达到皮秒级[39]，这对提高 MQCA 结构的振荡频率非常有利。另一个原因就是我们研究的目的是如何实现信号反馈方案，其重点未关注 MQCA 振荡频率，只是选取了一种普遍应用的磁性材料进行模拟来证实设计思想的正确性。

　　为了对基于 MQCA 的反馈结构进行深入的理解，采用蒙特卡罗方法对第一种反馈结构环形振荡器的可靠性进行 200 次的模拟[33]。这里仅给出纳磁体厚度和振荡频率如何影响电路的可靠性。从图 3.52 的模拟结果可知，环形振荡器可靠性随振荡频率(分别对应于 3、5、7 和 9 级环形振荡器)和厚度变化而变化。即随着厚度和频率增加，环形振荡器可靠性提高。但是，仔细观察又会发现频率对环形振荡器操作的影响比厚度大。特别地，在 163MHz(7 级)和 183MHz(5 级)之间观察到曲线的跳变，这可能是由于纳磁体难磁化轴的不稳定性造成的。操作频率更低的电路结构含有更多纳磁体，而冗长的纳磁体线阵列会使信号传递失败，因为纳磁体难磁化轴的不稳定性使后端纳磁体提前转换。因而操作频率更低的结构表现出更低的可靠性。当然，这个结果也给人们提供了一种提高可靠性的方法，那就是可以使用更厚的纳磁体来降低错误概率。

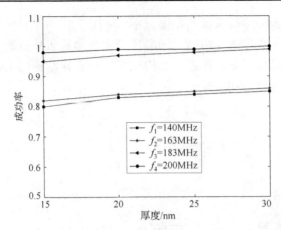

图 3.52　环形振荡器操作可靠性与振荡频率及纳磁体厚度的关系

参 考 文 献

[1]　杨晓阔, 蔡理, 黄宏图. 基于量子元胞自动机的奇偶校验系统分块设计[J]. 固体电子学研究与进展, 2010, 30(4): 489-494.

[2]　王森, 蔡理, 郭律. 基于量子细胞自动机的全加器实现[J]. 固体电子学研究与进展, 2005, 25(2): 148-151.

[3]　Vankamamidi V, Ottavi M, Lombardi F. Two-dimensional schemes for clocking/timing of QCA circuits[J]. IEEE Trans. Comput. Aided Des. Integr. Circuits Syst., 2008, 27(1): 34-44.

[4]　李立珺. 基于 FPGA 的除法器算法研究[J]. Science&Technology Information, 2013, 5: 82-104.

[5]　张欢欢, 宋国新. 不恢复余数阵列除法器的形式化描述和验证方法[J]. 计算机科学, 2007, 34(6): 283-285.

[6]　吉雪芸, 朱有产. 不恢复余数阵列除法器的 FPGA 实现[J]. 保定学院学报, 2010, 23(3): 56-59.

[7]　李小霞. 什么是不恢复余数法——阵列除法器的数学分析(I)[J]. 数学的实践与认识, 2012, 42(20): 191-196.

[8]　Kim S W, Swartzlander E E. Restoring divider design for quantum-dot cellular automata[A]. IEEE International Conference on Nanotechnology[C]. Portland, 2011, 11: 1295-1300.

[9]　Stuart F O, Michael J F. Division algorithms and implementations[J]. IEEE Trans. Comput., 1997, 46, (8): 833-854.

[10]　Kihwan J. Modified non-restoring division algorithm with improved delay profile[D]. Austin: University of Texas, 2011.

[11]　Maurus C, Hamacher V C. An augmented iterative array for high speed binary division[J]. IEEE

Trans. Comput., 1973, c-22（2）：172-175.

[12] Cui H Q, Cai L, Yang X K, et al. Design of non-restoring binary array divider in quantum-dot cellular automata[J]. Micro & Nano Lett., 2014, 9(7)：464-467.

[13] Shin S H, Jeon J C, Yoo K Y. Wire-crossing technique on quantum-dot cellular automata[A]. Proc. 2nd Int. Conf. Next Generation Computer and Information Technology[C]. Korea, 2013, 27: 52-57.

[14] Michael T N, Peter M K. Problems in designing with QCAs: Layout = Timing[J]. International Journal of Circuit Theory and Applications, 2001, 29:49-62.

[15] 陈祥叶, 蔡理, 赵晓辉, 等. 新型基于量子元胞自动机的 3-8 译码器[J]. 微纳电子技术, 2013, 50(4)：210-214.

[16] Moein K, Nadooshan S R. A novel modular decoder implementation in quantum-dot cellular automata（QCA）[C]//Internaional Conference on Nanoscience, Technology and Socetal Implications. India, 2011: 714-718.

[17] Navi K, Farazkish R, Sayedsalehi S. A new quantum-dot cellular automata full-adder[J]. Microelectronics Journal, 2010, 41: 820-826.

[18] 汪志春, 蔡理, 杨晓阔, 等. 两点量子元胞自动机全加器电路设计[J]. 空军工程大学学报（自然科学版）, 2014, 15(5)：84-87.

[19] 王森, 蔡理, 刘河潮. 基于量子细胞自动机的全加器实现[J]. 固体电子学研究与进展, 2005, 25(2)：148-151.

[20] International Technology Roadmap for Semiconductors 2011[R]. http://www.itrs.net.

[21] 杨晓阔. 量子元胞自动机可靠性和耦合功能结构实现研究[D]. 西安: 空军工程大学博士学位论文, 2012.

[22] Yang X K, Cai L, Kang Q. Magnetic quantum cellular automata-based logic computation structure: a full-adder study[J]. Journal of Computational and Theoretical Nanoscience, 2012, 9(4)：621-625.

[23] Niemier M T, Hu X S, Alam M, et al. Clocking structures and power analysis for nanomagnet-based logic devices[A]. Proceedings of International Symposium on Low Power Electronics and Design[C], 2007: 26-31.

[24] 崔焕卿, 蔡理, 张明亮, 等. 基于量子元胞自动机的模可变计数器设计[J]. 微纳电子技术, 2014, 51(1)：12-16.

[25] 王毓银. 数字电路逻辑设计[M]. 2 版. 北京: 高等教育出版社, 2005.

[26] Kong K, Shang Y, Lu R Q. Counter designs in quantum-dot cellular automata[A]. IEEE International Conference on Nanotechnology Joint Symposium with Nano[C]. Korea, 2010, 10: 1130-1134.

[27] Huang J, Momenzadeh M, Lombardi F. Design of sequential circuits by quantum-dot cellular

automata[J]. Microelectron. J., 2007, 38(5): 525-537.

[28] Nelson V P, Nagle H T, Carroll B D, et al. Digital Logic Circuit Analysis & Design[M]. Prentice-Hall, 1995.

[29] Yang X K, Cai L, Zhao X H, et al. Design and simulation of sequential circuits in quantum-dot cellular automata: falling edge-triggered flip-flop and counter study[J]. Microelectronics Journal, 2010, 41(1): 56-63.

[30] Walus K, Karim F, Ivanov A. Architecture for an external input into a molecular QCA circuit[J]. J. Comput. Electron., 2009, 8(1): 35-42.

[31] Yang X K, Cai L, Zhao X H. Low power dual-edge triggered flip-flop structure in quantum dot cellular automata[J]. Electronics Letters, 2010, 46(12): 825-826.

[32] Strollo A G, Napoli E, Cimino C. Low power double edge-triggered flip-flop using one latch[J]. Electron. Lett., 1999, 35(3): 187-188.

[33] Yang X K, Cai L, Li Z C, et al. Signal feedback and performance of ring oscillators in magnetic quantum cellular automata. Journal of Computational and Theoretical Nanoscience, 9(12): 1-4, 2012.

[34] Carlton D B, Emley N C, Tuchfeld E, et al. Simulation studies of nanomagnet-based logic architecture[J]. Nano Lett., 2008, 8(12): 4173-4178.

[35] Varga E, Orlov A O, Niemier M, et al. Experimental demonstration of fanout for nanomagnetic logic[J]. IEEE Trans. Nanotechnol., 2010, 9(6): 668-670.

[36] Chakraborty S, Chaudhuri A R, Bhattacharyya T K. Transient analysis of MEMS cantilever based binary inverter and design of a ring oscillator[A]. International Conference on Computers and Devices for Communication[C], 2009: 322-325.

[37] Hafez A A, Yang C K. Design and optimation of multipath ring oscillator[J]. IEEE Trans. Circuits Syst. I: Regular Papers, 2011, 58(10): 2332-2345.

[38] Varga E, Siddiq M, Niemier M T, et al. Experimental demonstration of non-majority, nanomagnet logic gates[A]. Proceedings of the Device Research Conference[C], 2010: 87-88.

[39] Lee O J, Pribiag V S, Braganca P M, et al. Ultrafast switching of a nanomagnet by a combined out-of-plane and in-plane polarized spin current pulse[J]. Appl. Phys. Lett., 2009, 95: 012506.

第 4 章　量子元胞自动机电路的缺陷

量子元胞自动机(QCA)是基于场耦合(电场或磁场)作用的器件技术,因而耦合作用能,如扭结能,对于其信号传递非常重要。对电性 QCA(Electronic QCA, EQCA)而言,耦合作用能主要和元胞的准确位置密切相关;而对于磁性 QCA(Magnetic QCA, MQCA),影响耦合作用能的其中一个关键因素就是时钟场的方向。本章主要探讨 EQCA 的元胞旋转缺陷和 MQCA 的时钟误放效应问题。最后,简要分析 EQCA 中的背景电荷及串扰效应现象。

4.1　电性 QCA 元胞旋转缺陷

早期的 QCA 器件实验着眼于金属点实现[1],但其只能在低温下(小于 7K)工作。采用其他材料和工艺而不是金属点实现的 QCA 在需要高温或室温条件下将受到青睐,从而人们提出了采用小尺寸分子来实现 QCA 元胞[2-5]。然而,在这样小的尺寸下,自组装分子 QCA 结构时很难保持可接受的制造误差,量子点或元胞可能出现明显的制备缺陷。

分子 QCA 器件可能发生的缺陷是背景电荷、丢失元胞、元胞径向平行移位和元胞旋转[6,7]。其中,元胞径向平行移位的含义是指元胞未被精确地放在既定的位置,元胞旋转是指元胞放置到了准确的位置但和其他元胞不是排列在相同的方向。元胞旋转缺陷涉及很多重要的问题,如 90° 全向旋转、元胞位置效应和信号恢复等。为了认识元胞旋转缺陷的重要错误机制,文献[8]创造性地运用旋转角度这个参数建立了 QCA 元胞旋转效应模型,定量研究了旋转元胞-元胞响应函数以及元胞旋转缺陷对五种基本 EQCA 逻辑结构产生的影响,从本质上揭示了为什么 EQCA 结构能够适度容忍旋转缺陷。

4.1.1　含旋转元胞缺陷的阵列建模[8]

1. 旋转缺陷的相干矢量模型

这里给出一种描述旋转元胞缺陷的模型和其对邻近元胞产生影响的计算方法[8]。为了简单起见,以图 4.1 中所示两个元胞的情况为例进行论述。元胞 M 和元胞 N 分别代表驱动元胞和响应元胞,元胞 M 的四个量子点依次标为 1, 2, 3, 4, 而元胞 N 的

对应位置标为 $1',2',3',4'$。L 表示元胞的尺寸，s 表示基本的元胞间距。右边的元胞 N 以中心点 O 发生逆时针旋转，θ 表示旋转角度，而虚线表示未旋转。

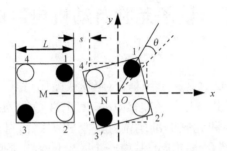

图 4.1　元胞 N 相对元胞 M 发生一旋转角度 θ

由于电子位于正方形元胞的四个角上，元胞间的库仑作用可用扭结能 E_{kink} 来描述，E_{kink} 是指两个相反极化率元胞与两个相同极化率元胞之间的静电能差[9]。两个四点元胞 M 和 N 电荷间的静电能为

$$E^{M,N} = \frac{1}{4\pi\varepsilon_0\varepsilon_r}\sum_{i=1}^{4}\sum_{j=1'}^{4'}\frac{q_i^M q_j^N}{d_{ij}} \tag{4.1}$$

式中，ε_r 是相对介电常数，q_i^M 是元胞 M 量子点 i 的电荷，而 d_{ij} 表示元胞 M 中第 i 个点和元胞 N 中第 j 个点的距离。首先，假设两个未发生旋转的元胞具有相同的极化率，也就是元胞 M 中的电子位于量子点 1 和 3，而元胞 N 中的电子位于量子点 $1'$ 和 $3'$，则点 1 和 $1'$ 的距离为 $L+s$。但现在元胞 N 发生了一角度旋转，则相应距离变为

$$d_{1'} = \sqrt{\left(\frac{L}{2}\sin\theta + \frac{L}{2}\cos\theta - \frac{L}{2}\right)^2 + \left(\frac{L}{2}+s-\frac{L}{2}\sin\theta+\frac{L}{2}\cos\theta\right)^2} \tag{4.2a}$$

类似地可计算其他量子点间的距离，如 $d_{13'},d_{31'},d_{33'}$，分别如式 (4.2b)、式 (4.2c) 和式 (4.2d) 所示。则由式 (4.1) 可计算出相同极化率下的静电能。同时，通过计算 $d_{14'},d_{12'},d_{34'},d_{32'}$ 和求解式 (4.1) 也可得到两元胞相反极化率下的静电能。

$$d_{13'} = \sqrt{\left[\frac{L}{2}+\frac{L}{2}(\cos\theta+\sin\theta)\right]^2 + \left[\frac{L}{2}+s+\frac{L}{2}(\sin\theta-\cos\theta)\right]^2} \tag{4.2b}$$

$$d_{31'} = \sqrt{\left[\frac{L}{2}+\frac{L}{2}(\cos\theta+\sin\theta)\right]^2 + \left[\frac{3}{2}L+s+\frac{L}{2}(\cos\theta-\sin\theta)\right]^2} \tag{4.2c}$$

$$d_{33'} = \sqrt{\left[\frac{L}{2}(\sin\theta+\cos\theta)-\frac{L}{2}\right]^2 + \left(\frac{3}{2}L+s-\frac{L}{2}\cos\theta+\frac{L}{2}\sin\theta\right)^2} \tag{4.2d}$$

则发生旋转缺陷时元胞 M 和元胞 N 间的扭结能为

$$E_{\text{kink}}^{\text{M,N}} = E_{\text{opposite polarization}}^{\text{M,N}} - E_{\text{same polarization}}^{\text{M,N}} \tag{4.3}$$

在用式(4.3)求出两个元胞间的扭结能 E_{kink} 后,响应元胞的极化率可用相干矢量形式方法计算,该方法包含热消耗和环境耦合效应,采用释放时间常数 τ 建模热消耗耦合。相干矢量形式方法是基于密度矩阵的方法[10],相干矢量 $\boldsymbol{\lambda} = (\lambda_x, \lambda_y, \lambda_z)^{\text{T}}$ 是元胞密度矩阵 $\boldsymbol{\rho}$ 的矢量表示,映射为单位和泡利旋转矩阵 $\boldsymbol{\sigma}_x, \boldsymbol{\sigma}_y$ 和 $\boldsymbol{\sigma}_z$ 的基矢。为了准确建模缺陷结构的动态,本书还考虑了元胞间相关[11]特征。通过泡利旋转矩阵和常数 τ 近似,本章修改的相干矢量形式可用矩阵和向量重写为

$$\hbar \frac{\text{d}}{\text{d}t} \boldsymbol{\lambda} = \boldsymbol{\Omega} \boldsymbol{\lambda} - \frac{1}{\tau}(\boldsymbol{\lambda} - \boldsymbol{\lambda}_{\text{ss}}) + E_{\text{kink}}^{\text{M,N}} \left[\left\langle \hat{\sigma}_y^{\text{M}} \hat{\sigma}_z^{\text{N}} \right\rangle \quad -\left\langle \hat{\sigma}_x^{\text{M}} \hat{\sigma}_z^{\text{N}} \right\rangle \quad 0 \right]^{\text{T}} \tag{4.4}$$

式中,右手边第二项为热消耗和环境耦合效应,第三项为通过两点相关形成的元胞间耦合。第一项为基本的相干矢量形式,且三维能量向量 $\boldsymbol{\Omega}$ 为

$$\boldsymbol{\Omega} = \begin{pmatrix} 0 & -E_{\text{kink}}^{\text{M,N}} P_{\text{M}} & 0 \\ E_{\text{kink}}^{\text{M,N}} P_{\text{M}} & 0 & 2\gamma \\ 0 & -2\gamma & 0 \end{pmatrix} \tag{4.5}$$

联合稳态相干矢量为

$$\boldsymbol{\lambda}_{\text{ss}} = -\frac{\boldsymbol{\Omega}}{|\boldsymbol{\Omega}|} \tan \Delta \tag{4.6}$$

其中温度比 Δ 定义为

$$\Delta = \frac{\hbar |\boldsymbol{\Omega}|}{2 k_{\text{B}} T} \tag{4.7}$$

式中,$\hbar$ 为普朗克常量,k_{B} 为玻尔兹曼常数,T 表示温度。式(4.4)～式(4.7)描述了修改的相干矢量的完全动态。此外,式(4.5)中,P_{M} 是驱动元胞 M 的极化率,γ 代表时钟信号的强度或隧穿能。$\boldsymbol{\lambda}$ 的第三个分量代表元胞的极化率

$$P_{\text{N}} = -\left\langle \hat{\sigma}_z \right\rangle = \lambda_z \tag{4.8}$$

通过数值方法求解式(4.4),响应元胞的极化率可通过式(4.8)确定。在相应的计算代码中,旋转角度这个关键参数以及元胞相关量被植入此模型,因而其可用于获取 EQCA 结构操作失败时的临界角度。

2. 旋转的元胞-元胞响应函数

在这一部分将研究和分析旋转的元胞-元胞响应函数,下面将给出两个四点元胞间响应的数值计算结果。必须注意的是,这里采用图 4.1 中的例子,元胞 N 被左端

的单一元胞 M 驱动，采用对称分布的极化率。尽管分子 EQCA 最终能够在室温下工作，即尺寸越小，工作温度越高，2nm 元胞可实现室温下操作[4]。但鉴于目前自组装量子点的实验条件和小尺寸实验面临的巨大挑战，这里只采用了比室温低的温度条件(150K)和更大尺寸的元胞，但这个温度已是目前所有文献中考虑到的最高温度。图 4.2 是元胞 N 在七个不同旋转角度下的响应函数。这里的数值计算参数为：$\gamma = 1.2E_{\text{kink}}$, $L = 10\text{nm}$, $s = 10\text{nm}$, $T = 150\text{K}$, $\tau = 8\hbar/E_{\text{kink}}$[12,13]。图 4.2 给出七个不同旋转角度($\theta = 0°$, $15°$, $30°$, $45°$, $60°$, $75°$ 和 $90°$)下的响应函数。

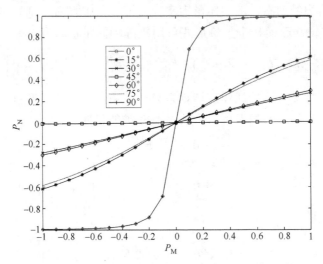

图 4.2　七个不同旋转角度下的元胞-元胞响应函数

从图 4.2 中可以看出，随着驱动元胞的极化率从 $P_{\text{M}} = -1$ 变到 $P_{\text{M}} = +1$，其邻近元胞的极化率也不断变化。随着旋转角度的增大，由于扭结能变化降低了响应元胞被极化的能力，对应的元胞-元胞响应函数逐渐变平。不难看出元胞-元胞响应函数的非线性和双稳态特性仅在旋转角度小于 15° 时较好。同样还可以观察到旋转角度在 0°～45° 和 45°～90° 时，非线性响应存在近似对称现象。即元胞间非线性响应随着旋转角度(< 45°)增加大大衰减，但当元胞从 45° 旋转到 90° 时，元胞间非线性响应又逐渐恢复。当旋转角度为 0° 和 90° 时，元胞间响应最强。当 θ 满足 $30° < \theta < 45°$ 和 $45° < \theta < 60°$ 时，响应函数表现出非常弱的耦合。当 $\theta = 45°$ 时，元胞间非线性响应最弱，这个现象并不奇怪，因为 45° 旋转对应于 EQCA 共面线交叉，此时 0° 旋转元胞(正常元胞)和 45° 旋转元胞之间只有极小的互作用。

4.1.2　电性 QCA 互连结构的旋转缺陷

本节将首先讨论仿真方法和元胞时钟，然后进行大量的数值计算和试验来评估三种互连线结构的旋转角度容忍。研究的目的是获得不同互连线结构在某一旋转角度下的成功率(旋转缺陷容忍特征),这样就可以确定当出现元胞旋转缺陷时,EQCA 互连结构可靠性在何角度值开始下降。

1. 器件参数和仿真方法

这里所有试验均考虑分子实现的 EQCA 元胞,采用 Creutz-Taube 离子为基元的钌综合成分子 EQCA 元胞[14]。现有文献表明可能的分子 EQCA 器件尺寸有 10nm[15] 和 5nm[16],因而本章也将采用这两种尺寸的元胞。起初,仿真试验中所有元胞大小为 10nm×10nm,元胞间距也为 10nm。而后采用 5nm×5nm 尺寸元胞以及 5nm 间距来研究不同尺寸的影响。

试验中,假设 EQCA 互连和逻辑结构出现一个元胞旋转缺陷,旋转角度的范围为 0°～90°,步长为 2.5°。在典型的制备条件下,由于无法预知哪个元胞将发生旋转,同样也无法预测元胞旋转的方向。因而书中的分析将轮流顺时针地和逆时针地旋转某个互连或逻辑结构中的所有传递元胞,但不包括输入和输出元胞。从而任一旋转缺陷都被映射为 EQCA 结构操作中的逻辑级错误。对某一结构中每个传递元胞的每个旋转角度而言,选取八个输入极化率{1, 1, –1, –1, 1, –1, –1, 1}对互连和反相器等单输入电路进行数值试验。

为了定义 EQCA 结构成功操作的测度方法,将输出极化率与给定的阈值极化率进行比较。在一次试验中,如果输出极化率满足阈值极化率条件,则试验是成功的。也就是说,极化率<–0.5(低阈值)表示正确的逻辑"0";而极化率>0.5(高阈值)表示正确的逻辑"1";否则输出状态为不定,则记作一次不成功的输出。就某一结构中某一旋转角度而言,在一个输入极化率下对任一传递元胞的旋转构成一次试验。就一个传递元胞来说,8 个输入极化率将产生 8 个输出极化率(8 次试验),而这些单输入结构中的重复极化率输入是为了消除偶然性。此外,顺时针和逆时针旋转元胞(两种情况的扭结能不同)将被看作两次不同的试验。根据这些条件,对一个给定的数据点(某个结构中的一个固定旋转角度),每一个旋转元胞将会包含 16 次试验,同时总的试验次数将会是所有传递元胞的试验次数之和。例如,直线结构包含三个传递元胞,因而总的试验次数为 48。这就意味着对于直线中的每一旋转角度需要进行 48 次试验。书中引入"成功率"来度量电路每个旋转角度下的操作特征,即"成功率"定义为成功的试验次数与总的试验次数之比。

时钟能够产生功率增益并消耗极低的能量。因而,在任何 EQCA 功能结构或电路中引入一个合适的绝热时钟是非常必要的[17]。在绝热时钟场的作用下,EQCA 系统在其全部的转换过程中均保持在基态附近,从而确保了输入位信号的衰减最小。在本小节中,"区域时钟",即时钟 0、时钟 1、时钟 2 和时钟 3 采用不同的灰度颜色标注,如图 4.3 所示。

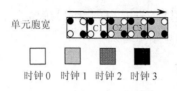

单元胞宽

时钟 0　时钟 1　时钟 2　时钟 3

图 4.3　单元胞宽直线版图

2. EQCA 直线互连

单元胞宽线性排列的五元胞 EQCA 互连直线如图 4.3 所示。由于输入和输出元胞不发生旋转，故仅将中间的三个传递元胞分别标记为 C1、C2 和 C3。该结构只引入了两个时钟区域：时钟 0（输入和 C1）和时钟 1（C2、C3 和输出）。

直线的试验结果如图 4.4 所示，图中曲线的纵轴代表"成功率"。从图 4.4 可观察到曲线近似对称的结果。就 10nm 元胞而言，在旋转角度达到 22.5°前和旋转角度大于 70°后直线的成功率为 1，对 5nm 元胞而言则是 25°和 67.5°。当旋转角度位于 40°和 47.5°之间时，两种尺寸的元胞均出现了相同的固定成功率，约为 0.67。因此当元胞偏离其正常位置（0°）时，电路的输出极化率表现出不可靠的操作。实际上，在元胞的不同旋转角度下，某一角度时出现极微弱的互作用，此时扭结能非常小，尽管该扭结能值为正。这个微弱的扭结能导致了元胞不极化的状态，因而出现不正确的输出。此外，通过比较两种元胞的成功率曲线，还可以发现较大尺寸元胞构成的直线有一略低的成功率。

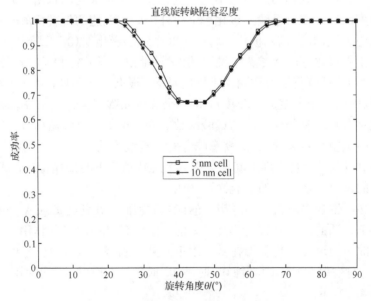

图 4.4　含旋转缺陷元胞的直线仿真结果

3. EQCA 拐角线互连

拐角线通常用于构建大规模电路的转角结构，一七元胞拐角线如图 4.5 所示。不同位置的传递元胞分别命名为 C1、C2、C、C3 和 C4。图 4.5 中的结构使用了三个时钟区域：时钟 0(输入和 C1)、时钟 1(元胞 C2 和 C)和时钟 2(C3、C4 和输出)。

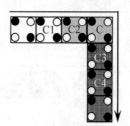

图 4.5　拐角线版图

图 4.6 给出了含旋转元胞缺陷的拐角线试验结果。从图中可见，就 10nm 元胞而言，在旋转角度达到 15° 前和旋转角度大于 77.5° 后拐角线的成功率为 1，对 5nm 元胞则是 17.5° 和 75°。同样可观察到成功率曲线近似对称的结果。这个结构的错误主要来源于 C4 和转角元胞，当它们发生较大的旋转角度时将不执行逻辑操作。通过对比两条曲线，可以发现元胞尺寸对拐角线的旋转缺陷容忍也有较小的影响。

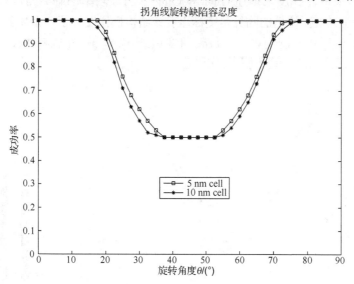

图 4.6　含旋转元胞缺陷的拐角线仿真结果

4. EQCA 扇出互连

扇出是逻辑上实现重要的 EQCA 互连不可或缺的，因为它提供了信号分发的机制[18]。一个两输出十元胞扇出结构如图 4.7 所示，在该结构中，加到单输入元胞"In"上的信号得到放大并传送到两输出元胞"Out1"和"Out2"。扇出结构中不同位置的元胞分别命名为 C1、C2、C、C3、C4、C5 和 C6。同样地，该结构使用了三个时钟区域：时钟 0(In 和元胞 C1)、时钟 1(C2 和 C)和时钟 2(C3、C4、C5、C6、Out1 和 Out2)。为了描述扇出结构的内在特征，本书中除了给出两输出的组合成功率外，还给出了 Out1 和 Out2 的各自成功率试验结果。注意对于组合成功率而言，一次成功的试验意味着两个输出极化率同时满足阈值极化率。

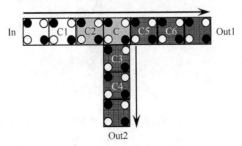

图 4.7　扇出结构版图

扇出结构的组合成功率和分离成功率试验结果如图 4.8 所示。为了不出现重复的曲线描述，采用柱状图来描述 Out1 和 Out2 各自成功率的临界角度，其中柱状图的高度量表示角度值。这里的临界角度标志着该结构操作发生了一个质变。从图 4.8(a)可知，就 10nm 尺寸元胞而言，在旋转角度达到 12.5° 前(左临界角度：成功率从 1

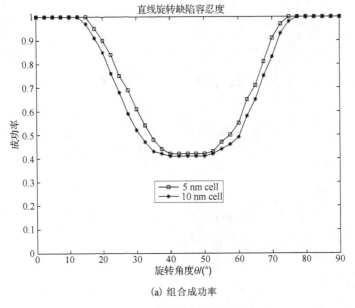

(a) 组合成功率

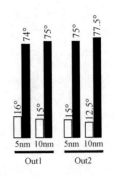

(b) Out1 和 Out2 的分离结果

图 4.8　含旋转缺陷的扇出结构仿真结果

开始下降的角度)和旋转角度大于 77.5°后(右临界角度:成功率又回到 1 的角度)扇出的成功率为 1,对 5nm 尺寸元胞则是 15°和 75°。但是从图 4.8(b)又发现 Out1 和 Out2 对应的左临界角度和右临界角度并不相同。注意白色柱状图表示左临界角度,黑色柱状图表示右临界角度。很明显 Out1 比 Out2 容忍更大的旋转角度,这是由于信号布线的原因导致 Out2 成功率降低。总体来说,扇出结构操作失败的原因源于突发的或很隐蔽的信号反相,关于突发的信号反相如何引发逻辑错误的详细分析见 4.1.4 节。此外,当出现旋转缺陷时,元胞尺寸对扇出的影响比对反相器的影响大。

4.1.3　电性 QCA 逻辑结构的旋转缺陷

1. EQCA 反相器电路

正如 CMOS 中一样,反相器也是 EQCA 电路中的一个重要电路。虽然信号反相可以采用很多方式实现,但这里将选取最通用的版图进行研究,如图 4.9 所示。输出 EQCA 元胞"Out"的极化率是输入 EQCA 元胞"In"的反相信号。同样将七个传递元胞分别标为 C1、C2、C3、C4、C5、C6 和 C7。此电路需要三个时钟区域:时钟 0(输入和元胞 C1)、时钟 1(C2、C3、C4、C5 和 C6)和时钟 2(元胞 C7 和输出)。

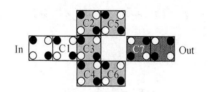

图 4.9　反相器版图

反相器的试验结果如图 4.10 所示。从图中可见,就 10nm 尺寸元胞而言,在旋转角度达到 10°前和旋转角度超过 80°后反相器的成功率为 1,对 5nm 尺寸元胞则是 12.5°和 77.5°。这个结构的错误操作主要源于 C7 和分发元胞 C3 的旋转。例如,C3 发生一明显的旋转,反相器由于泄漏噪声[19]和其复杂信号传递方式引起的组合非逆效应导致了不正确的操作。重要的是,当出现旋转缺陷时,元胞尺寸对反相器产生的影响比对互连结构的影响大。因而,反相器对制备缺陷更加敏感。

2. EQCA 择多逻辑门电路

择多逻辑门是最重要的 QCA 逻辑结构,五元胞择多逻辑门如图 4.11 所示。EQCA 元胞"In1"、"In2"和"In3"是输入元胞,"Out"是输出元胞,它的极化由输入元胞的多数极化率决定。在图 4.11 所示例子中,由于两个输入元胞的极化率为+1,因此输出元胞也被极化为+1。择多逻辑门的器件元胞标记为 C。该电路用到了两个时钟区域:时钟 0(In1、In2 和 In3)和时钟 1(元胞 C 和 Out)。选取输入{In1 In2 In3}

的八个测试序列{000, 001, 010, 011,100, 101, 110, 111}进行择多逻辑门的旋转缺陷分析，在计算中将用到其对应的极化率。

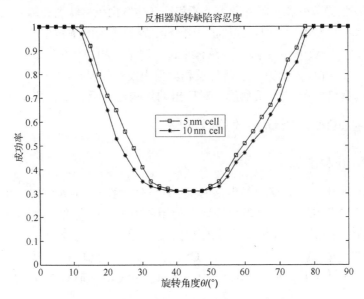

图 4.10　含旋转元胞缺陷的反相器仿真结果

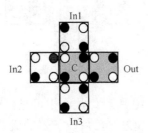

图 4.11　择多逻辑门版图

图 4.12 给出了两种尺寸元胞择多逻辑门的试验结果。从图中可以清晰地看到对于 10nm 尺寸元胞门结构，在元胞 C 旋转超过 20°和旋转角度小于 70°时择多逻辑门功能开始失常，对于 5nm 尺寸元胞门结构则是 21°～69°。这个结构操作失败主要是由于两个输入元胞"In1"和"In3"的极化率支配作用或泄漏噪声，该影响导致此结构的功能退化为互连直线。对择多逻辑门而言，元胞尺寸对旋转缺陷容忍只有很小的影响。

根据所有含旋转元胞缺陷的 EQCA 电路结构的试验结果可知，旋转缺陷容忍是旋转角度和元胞尺寸的函数。通过对比五种结构的结果可得，反相器在较小的旋转角度时其功能就发生错误，而直线则可以容忍最大的旋转角度。因此，书中可以得出如下结论：以影响成功率的最小旋转角度作为衡量标准，反相器是最脆弱的结构，而直线则是最可靠的结构。然而，在某些旋转角度下，择多逻辑门却表现出完全失败的操作。从图 4.12 可知，当旋转角度为 40°～47.5° 时成功率为 0，因而此时择多逻辑门的旋转缺陷容忍最差。

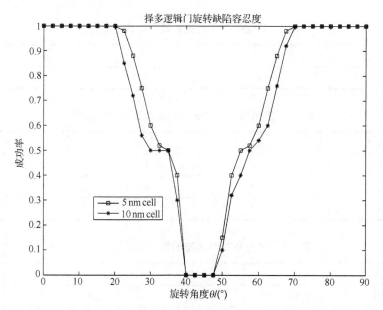

图 4.12　含旋转元胞缺陷的择多逻辑门仿真结果

4.1.4　旋转缺陷结果分析和信号恢复

1. 旋转缺陷的位置效应和错误分析

首先评估特殊位置元胞的可靠性，给出 EQCA 电路结构错误的原因，试验的目的是高度强调缺陷位置的重要性。对单输入结构而言，研究这些结构中每个元胞的旋转角度（步长为 0.5°）容忍并给出可能的错误原因。而对择多逻辑门而言，这里不再研究缺陷元胞的位置效应，而是分析这个结构尽管在只有一个传输元胞时为什么出现不正确的操作。对给定结构中的一个元胞而言，记录下电路结构成功率不为"1"时的临界角度。书中把这个角度定义为最大旋转容忍角度（Maximum Rotation Tolerance Angle，MRTA）。为了发现大尺寸元胞的影响，这里特别选用 10nm×10nm 尺寸元胞进行研究。此外，由于所有旋转容忍度曲线的近似对称性，旋转角度范围为 0°～45°，所有其他参数和前面几节给出的相同。

直线、拐角线和扇出结构中每个传递元胞的最大旋转容忍角度分别如表 4.1、表 4.2 和表 4.3 所示。从表中可知，直线中的 C1 元胞、拐角线中的 C1 元胞和扇出中的 C1

元胞可以容忍任何的旋转角度。这个结果并不奇怪，因为当旋转角度为 45°时，EQCA 共面线交叉结构出现，而信号在交叉结构中仍可得到正确的传递。但是，这里最关心的结果是如下两点：①对于直线、拐角线和扇出结构，当旋转元胞越靠近输出端时，相应的 MRTA 值下降；②拐角线和扇出结构中的转角元胞表现出很小的 MRTA 值。

表 4.1　直线中每个元胞的最大旋转容忍角度

元胞名称	C1	C2	C3
MRTA/(°)	45	35	23.5

表 4.2　拐角线中每个元胞的最大旋转容忍角度

元胞名称	C1	C2	C
MRTA/(°)	45	31.5	20
元胞名称	C3	C4	×
MRTA/(°)	27.5	19	×

表 4.3　扇出中每个元胞的最大旋转容忍角度

元胞名称	C1	C2	C	C3
MRTA/(°)	45	25	14	18
元胞名称	C4	C5	C6	×
MRTA/(°)	13	18.5	13	×

　　第一种情况是由于靠近输出的旋转元胞仅能激发微弱的信号到输出元胞，因而其 MRTA 值很小。第二种情况是由于"对角效应"降低了转角元胞的 MRTA 值。就拐角线而言，如果转角元胞 C 发生明显的旋转，则其对 C3 的极化影响很小；相反，正常的元胞 C2 由于"对角效应"会传递一反相的信号到 C3，结果拐角线发生错误操作。因而拐角线中的转角元胞 C 只能容忍很小的旋转角度。对扇出结构而言，如果转角元胞 C 发生明显的旋转，则 C5 和 C2 之间的扭结能非常弱，此时区域 1 中的元胞 C2 由于"对角效应"会传递反相的信号到 C3，而 C3 又影响 C5，导致了两个不相等的输出，结果扇出结构发生错误操作。

　　反相器中每个传递元胞的最大旋转容忍角度如表 4.4 所示。C1 的旋转对这个电路的可靠性没有影响。那是因为 C1 的旋转缺陷等同于直线中 C1 的旋转缺陷。但是 C3 和 C7 的旋转缺陷对反相器的输出影响比其他所有元胞都大。对 C3 而言，其偏离正常位置的旋转越大，则元胞 C3 和 C2 或 C4 之间的扭结能就变得越小。结果，元胞 C1 支配了 C1、C2、C3 和 C4 这四个元胞间的库仑作用，它传递反相的信号到

C2 和 C4，因而获得错误的输出极化率。对 C7 而言，较大的旋转角度导致该元胞和输出元胞间只有微弱的库仑作用，结果尽管扭结能为正但非常弱，因而仍然没有看到期待中的反相发生。此外，C2 和 C4 的旋转也可能引发错误的输出，这主要源于两元胞自身的相互影响。这两个元胞的旋转缺陷都将破坏反相器电路的对称性，因而当发生旋转缺陷时，由于变化的扭结能和紊乱的互作用将使输出不定。

表 4.4　反相器中每个元胞的最大旋转容忍角度

元胞名称	C1	C2	C3	C4
MRTA/(°)	45	17.5	14	17.5
元胞名称	C5	C6	C7	×
MRTA/(°)	15	15	13	×

对于择多逻辑门这里仅详细分析旋转缺陷如何引起失败的操作。实际上，元胞 C 发生旋转后，不同的测试输入和时钟随着扭结能的变化引起了不正确的输出极化率。假设输入 In1 和 In3 逻辑值相等(如测试序列 111)，如果元胞 C 发生一大角度旋转，则元胞 C 和输出之间的扭结能非常弱，而这个微弱的作用使元胞 C 对输出的极化作用很小。相反，In1 和 In3 的反相作用将会作用于输出，由于两者的联合作用超过 In2 且不能被抵消，故输出被极化到不正确的状态。另一个原因是尽管输入 In1 和 In3 逻辑值不等(假设输入为 001)，但 In1、In3 和 C 的组合作用产生总的正扭结能使输出等于 In3，这时选择多错误仍然发生。

根据上述分析，可以发现 MRTA 值随着旋转元胞靠近输出而降低。在 EQCA 直线、拐角线和扇出中，靠近输出的元胞和转角元胞对旋转缺陷容忍有明显的影响。而在反相器中，对角元胞和输出端元胞表现出较差的旋转缺陷容忍。这些结果对于研发分子 EQCA 电路结构具有很大的帮助。

2.　旋转缺陷结构的信号恢复

信号功率增益是 EQCA 时钟的重要特征之一[20]，它描述了元胞在传统四相位时钟辅助下恢复电路中损失信号或能量的能力。根据前面的研究可知，尽管 EQCA 电路结构发生了旋转缺陷但仍然可能得到成功的输出。基于这个结论，人们可能会提出这样的问题：即信号是否在旋转错误处以及后续阵列中得到了恢复？为了回答这个问题，这里研究了旋转缺陷结构的功率增益特性。特别地，我们得到了沿着旋转缺陷元胞方向可以恢复出多少信号功率的结论。在具有旋转缺陷的 EQCA 结构中，假设 E_{in} 表示转换时间 T_s 内所有输入元胞传递给被测试元胞的能量，而 E_{out} 表示转换时间 T_s 内输出元胞从被测试元胞处获得的能量。运用基本的能量公式结合式 (4.1)～式(4.8)推导出旋转缺陷结构中被测试元胞的功率增益 g_p 计算公式为

$$g_P = E_{out} / E_{in} \tag{4.9}$$

$$E_{out} = -\frac{1}{T_s} \cdot \frac{\hbar}{2} \int_t^{t+T_s} E_{kink}^{t,out} \cdot \frac{\mathrm{d}P_{out}(t)}{\mathrm{d}t} \cdot \lambda_z(t)\mathrm{d}t \tag{4.10}$$

$$E_{in} = \frac{1}{T_s} \cdot \frac{h}{2} \int_t^{t+T_s} E_{kink}^{t,in} \cdot \frac{\mathrm{d}\sum P_{in}(t)}{\mathrm{d}t} \cdot \lambda_z(t)\mathrm{d}t \tag{4.11}$$

式中，$\hbar$ 为普朗克常量，扭结能 $E_{kink}^{t,in}$ 中的 t 表示被测试元胞、in 表示输入元胞，λ_z 表示式(4.1)～式(4.8)中相干矢量的分量。

　　为了定量地描述EQCA结构中每个单一元胞的功率增益,书中引入了距离参数。如果 $(0, 0)$ 是旋转元胞中心的坐标(起始点)，(x, y) 是被测试元胞中心的坐标,将这两个元胞中心的距离 d 定义为 $d = |x| + |y|$(nm)。这样 d 就可以清晰地描述沿着旋转元胞方向的任一个被测试元胞。为了简单起见,仅采用图 4.5 中发生适度旋转缺陷的拐角互连线来研究旋转缺陷结构的信号恢复机制。除了扇出结构中两条分离路径的功率增益需要单独计算外,其他结构的计算和分析方法与拐角结构相同。计算用到的参数为：$L = s = 10nm, \theta = 25°, T = 150K, \tau = 8\hbar/E_{kink}, T_s = 200\hbar/E_{kink}$。从图 4.13 给出的计算结果可知,当距离 d 小于 40nm 时,功率增益随着距离的增加而增加,40nm 位置处达到了 4.5；而当距离大于 40nm 时,功率增益随着距离的增加而减小,且减小的幅度在距离大于 60nm 后趋于平缓。

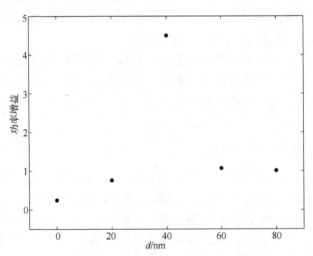

图 4.13　功率增益与元胞到旋转缺陷处距离 d 的关系

　　图 4.13 进一步解释如下。0nm 位置元胞(即旋转元胞)表现出远小于 1 的功率增益值(0.27),这表明多数信息由于旋转缺陷而损失掉了。然而,60nm 位置处元胞的功率增益值接近于 1,这又表明信号已被恢复。总体来说,在时钟信号的辅助下,

每个元胞传递到后续元胞的能量比其从前端输出元胞获得的能量更多，但接近于旋转缺陷元胞处的元胞除外。从图 4.13 也可得出，在 20nm 位置处(靠近旋转缺陷元胞处的元胞)未获得一理想功率增益值 1，而是得到了一能量衰减的输出。因为此时功率增益为 0.89，小于 1。这个有趣的现象可能源于旋转缺陷的"瞬态保持"特性。来自旋转缺陷元胞的输入对环境噪声极其敏感，因为这个位置的扭结能非常弱。因而尽管在时钟作用下非常小的输入信号足够决定电路转换的方向，但在 20nm 位置处仍然只看到有限的可恢复信号。然而，当元胞远离旋转缺陷时，这个"瞬态保持"特性会逐渐消失。由于功率增益的增加，信号在 60nm 位置经过两次放大后 EQCA 元胞恢复到了饱和极化率态，此时 $g_\mathrm{P} = 1.02$。从上述分析可知，功率增益可从旋转缺陷处恢复适度的错误信号，25° 旋转就是这样的一个适度错误。应该注意的是，对于小角度旋转，例如，$\theta = 12°$，信号很快会被映射到正确的输出逻辑(即满足阈值条件，而非完全极化)。那就是为什么当靠近输出处的元胞发生一小角度旋转缺陷时仍然得到正确的输出。

接下来将通过说明为什么 $d = 40nm$ 处的功率增益远比 $d = 20nm$ 处和 $d = 60nm$ 处的功率增益大来特别地解释旋转缺陷结构的功率流动。对于 $d = 20nm$ 处的元胞，尽管时钟给这个正常的元胞提供了功率，但由于旋转元胞和正常元胞间的微弱作用，这个功率并不能抵消损失到环境的功率。也就是说，大多数能量被消耗掉了，则传递到下一个元胞的能量非常小，因而 $g_\mathrm{p}(20nm)$ 远小于 1。对于 $d = 40nm$ 处的元胞，由于理想的元胞-元胞作用，该处元胞从时钟获得了大量功率，因而它输出给下一个元胞的功率明显增大，而 40nm 处元胞从上一个元胞获得的输入信号功率又很小。通过输入-输出功率关系，结果在 40nm 处获得了 4.5 的功率增益。最重要的是，经过计算发现缺陷信号在这一级基本恢复到原始输入水平。对于 $d = 60nm$ 处的元胞，信号功率被时钟继续放大。然而，由于上一级大量恢复出的信号功率被传递到这个元胞，结果 $g_\mathrm{p}(60nm)$ 也远比 $g_\mathrm{p}(40nm)$ 小，尽管该功率增益比 1 大。

实际上，拐角线结构的信号恢复也可从元胞-元胞响应函数的角度进行深入的分析[21]。图 4.2 中小旋转角度缺陷下(如 C1，$\theta = 12°$)的两 EQCA 器件的元胞-元胞响应函数呈现出极强的非线性和双稳态。这种非线性行为就是传统电子学中电源提供的"增益"类似物。这个增益一直扮演着恢复元胞衰退极化率的角色，促使元胞阵列一直可靠的传递输入逻辑态。然而，当发生一大的旋转角度缺陷时(如 C1，$\theta = 30°$)，元胞-元胞响应函数的双稳态行为迅速退化。此时目标元胞的极化率由于旋转缺陷而迅速降低，同时错误的信号未被立即校正，对应于上面所说的"瞬态保持"属性。但是该错误信号仍会在接下来的元胞阵列中逐渐得到恢复，这是由于后续阵列中理想的元胞-元胞响应函数所致，如 40nm 位置处的元胞。因而只要旋转缺陷不导致固定状态错误，如信号反相，元胞-元胞响应函数和功率增益会促使旋转错误信号进行自我修复并校正到正确逻辑态。

4.2　磁性 QCA 时钟误放效应

4.2.1　时钟误放缺陷定义

MQCA 耦合功能结构的有效操作取决于两个因素：一是应用先进的 EBL 工艺准确放置纳磁体到指定的位置；二是产生精确的难磁化轴方向流水线时钟场[22]来驱动纳磁体，这同样需要准确的放置时钟信号线。然而，在纳米技术工艺中，制造缺陷率非常高。纳磁体可能被误放，且时钟信号线也可能发生角度偏差，从而导致 MQCA 结构时钟信号场方向和纳磁体难磁化轴指向不一致。通常情况下，在 MQCA 电路的制造中存在两种时钟误放缺陷现象，如图 4.14 所示。

(a) zeeman场方向的误放　　　　　　　　　(b) 纳磁体的误放

图 4.14　时钟误放缺陷的描述

（1）时钟场（zeeman field）没有被精确地排列在纳磁体难磁化轴方向，而是发生一定角度的偏转[23,24]。这里给出了四个纳磁体的时钟示意图，如图 4.14(a) 所示，其中时钟磁场方向发生了轻微偏移。图中实线箭头表示时钟场方向，而虚线箭头表示纳磁体的难磁化轴方向。

（2）尽管时钟场被精确地放置在大量纳磁体的难磁化轴方向，但是结构中的部分纳磁体在制备中未被沉积在精确的方向上[24]。从图 4.14(b) 可知，电路中第二个纳磁体被误放，这样该电路仍然发生时钟偏移缺陷。因此，误放是实际存在的制造问题。对于不同的纳磁体 x-y 平面尺寸，时钟误放缺陷可能导致流水线 MQCA 结构操作失败。

4.2.2　时钟误放缺陷建模

为了研究含有缺陷时钟信号的流水线 MQCA 结构，这里就时钟场误放下的 MQCA 结构进行建模，并进一步研究不同偏移或误放角度以及纳磁体尺寸下的缺陷容忍。所有的结构均用到了提出的三相位流水线时钟信号，并且每个区域包含三个纳磁体。发生一种时钟误放缺陷的流水线 MQCA 结构如图 4.15 所示。图中，i, j, k 依次为三个纳磁体的标识。

为了推导含有时钟误放缺陷的流水线 MQCA 结构的模型，需要用到微磁动态描述的归一化方程（式(2.9)），其 Gilbert 形式为

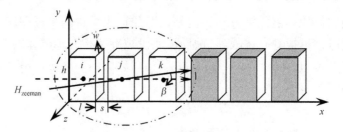

图 4.15　三元胞宽区域流水线时钟误放缺陷示意图

$$\frac{\mathrm{d}M}{\mathrm{d}t} = -\gamma M \times H_{\mathrm{eff}} + \frac{\alpha}{M_s}\left(M \times \frac{\mathrm{d}M}{\mathrm{d}t}\right) \qquad (4.12)$$

式中，$M = (M_x, M_y, M_z)$ 是纳磁体的三维时间磁化向量，M_s 是饱和磁化，H_{eff} 是纳磁体所受的平均磁场（式 (2.10)），$\gamma = 2.21 \times 10^5 \,\mathrm{m}/\mathrm{A} \cdot \mathrm{s}$，$\alpha$ 是取决于纳磁体材料的 Gilbert 阻尼系数。

假设 $(x^{(i)}, y^{(i)}, z^{(i)})$ 是驱动纳磁体 i 的坐标，而 $(x^{(j)}, y^{(j)}, z^{(j)})$ 是目标纳磁体 j 的坐标，可以得到这两个纳磁体的坐标差如下[21]：

$$d_x^{(ji)} = d_x^{(j)} - d_x^{(i)} = l + s \qquad (4.13)$$

$$d_y^{(ji)} = d_y^{(j)} - d_y^{(i)} = 0 \qquad (4.14)$$

$$d_z^{(ji)} = d_z^{(j)} - d_z^{(i)} = 0 \qquad (4.15)$$

同时，假设 $V^{(i)}$ 是驱动纳磁体 i 的体积，且描述这两个纳磁体的距离向量为 $d^{(ji)} = (d_x^{(ji)},\ d_y^{(ji)}, d_z^{(ji)})$，则平均磁场 H_{eff} 表达式的耦合能项可以计算为

$$
\begin{aligned}
C^{(ji)}M^{(i)} &= \frac{V^{(i)}}{4\pi(d^{(ji)})^5}(3(d^{(ji)})^{\mathrm{T}} \cdot d^{(ji)} - d^{(ji)}I)M^{(i)} \\
&= \frac{lhw}{4\pi(l+s)^5}\left(3\begin{bmatrix} l+s \\ 0 \\ 0 \end{bmatrix} \cdot (l+s,0,0) - (l+s)I\right)\begin{bmatrix} M_x^{(i)} \\ M_y^{(i)} \\ M_z^{(i)} \end{bmatrix} \\
&= \frac{lhw}{4\pi(l+s)^4}\begin{bmatrix} (3l+3s-1)M_x^{(i)} \\ -M_y^{(i)} \\ -M_z^{(i)} \end{bmatrix}
\end{aligned} \qquad (4.16)
$$

式中，I 为单位矩阵，l、h、w 分别表示纳磁体的宽度、高度和厚度，s 表示纳磁体间的间距，如图 4.15 所示。这里仅给出了水平排列方式的两个纳磁体的耦合能计算方法。尽管如此，如果驱动纳磁体 i 处于目标纳磁体 j 的上端或下端，可以应用相似的方法计算向量 C 和耦合能。通常情况下，覆盖三个 MQCA 器件的时钟场应该

被准确放置到它们的难磁化轴方向。但是，即使运用先进的平板印刷术工艺来排列这样的流水线时钟也很具有挑战。时钟场可能没被准确指向纳磁体的难磁化轴方向，而是偏转一角度β，把β称作误放角度，如图 4.15 所示。此时，沿着难磁化轴方向的时钟场信号幅度为

$$H_{\mathrm{h}} = H_{\mathrm{zeeman}}(t)\cos\beta \tag{4.17}$$

而沿着易磁化轴方向的时钟场信号幅度为

$$H_{\mathrm{e}} = H_{\mathrm{zeeman}}(t)\sin\beta \tag{4.18}$$

从而时钟场向量由 $H_{\mathrm{zeeman}}(t) = [H_{\mathrm{zeeman}}(t),0,0]$ 变为

$$H_{\mathrm{zeeman}}(t) = [H_{\mathrm{h}}, H_{\mathrm{e}}, 0] \tag{4.19}$$

　　根据上述推导可知，平均磁场 $\boldsymbol{H}_{\mathrm{eff}}$ 表达式的第一项由时钟误放缺陷角度决定。在对时钟误放缺陷进行建模后，式(4.12)~式(4.19)可用来计算不同流水线 MQCA 结构中任意纳磁体器件的瞬态磁化向量。输出磁化率会随着纳磁体尺寸和时钟误放角度变化而变化。为了详细研究误放缺陷效应和它们之间的关系，接下来将对纳磁体几何尺寸和流水线时钟缺陷如何影响 MQCA 结构的操作进行定量计算。

　　为了使本章的工作易于实验验证，这里特别给出了一种流水线时钟场的产生方法，那就是采用脉冲电流线来产生磁场[25]并进行区域相移。仅用于驱动 3 个纳磁体的一种三相位流水线时钟线路的物理实现如图 4.16 所示，它由 Si 衬底、氧化层、电流线和高磁导率覆层构成，纳磁体放在该结构的最上端，脉冲电流相位控制时钟时序。这种物理实现方法能够确保磁场被限制在三个纳磁体范围内，主要是基于如下两个原因：一是应用高磁导率材料构成覆层来包裹脉冲电流铜线，它可以有效地增强并聚集磁场于三个纳磁体区域；二是邻接时钟线路的间距相对较远，这也尽量减少了每个时钟线路的杂散磁场数值，从而有利于磁场作用于固定的区域。此外，尽管目前电流线的尺寸比一个 MQCA 器件的宽度（~50nm）大很多，但书中采用三个纳磁体作为一个区域，这可以采用时钟线直径不超过 3×50nm = 150nm（~200nm，如果包括纳磁体间距在内）的工艺来实现，根据国际半导体技术路线图[26]，这在技术上是可以实现的。

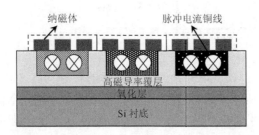

图 4.16　一种物理可行的三相位流水线时钟线路实现

4.2.3 时钟误放缺陷定量刻画

采用 4.2.2 节中的模型研究流水线 MQCA 逻辑结构在不同时钟误放角度和纳磁体 x-y 平面尺寸下的行为。试验仅模拟 MQCA 结构含有单一时钟区域误放缺陷的情况，输入区域除外。对于图 4.17 所示的 MQCA 电路，运用四阶龙格-库塔法求解式 (4.12)中系统的耦合微分方程。试验的目的是得出四种基本流水线 MQCA 结构的缺陷容忍差异以及可允许的时钟误放范围。

(1)第一组试验研究当纳磁体平面尺寸或纵横比(Aspect Ratio，AR)为一常数时，MQCA 结构的操作成功率 $P_{success}$ 与时钟误放角度因子 μ 之间的关系。

(2)第二组试验研究可允许的时钟误放角度与纳磁体尺寸的制约关系。

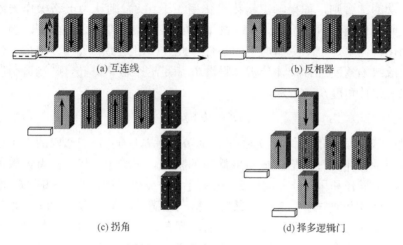

(a) 互连线　　　　　　　　(b) 反相器

(c) 拐角　　　　　　　　(d) 择多逻辑门

图 4.17　流水线 MQCA 结构

1. 四种流水线 MQCA 功能结构

在这一部分将详细研究下面四种典型 MQCA 结构出现时钟误放缺陷时的容忍特征。在 MQCA 数字系统中，互连线在桥接不同 MQCA 逻辑结构时发挥着重要的作用。七个纳磁体构成的互连线如图 4.17(a)所示；图 4.17(b)给出了六个纳磁体构成的反相器结构。此外，为了实现更加复杂的计算结构，MQCA 逻辑门和互连线需要进行不同方向的互连。这就涉及五个纳磁体构成的水平线传递信号到三个纳磁体构成的垂直线这样一种结构，即图 4.17(c)所示的 MQCA 拐角。构成 MQCA 择多逻辑门的纳磁体排列如图 4.17(d)所示。类似地，这些电路也用到三相位流水线时钟信号和 100mT 置空时钟，其中时钟信号被标记为不同灰度颜色；水平放置的较小纳磁体的目的是用于预置流水线 MQCA 结构的输入，如图 4.17 所示。图 4.17(a)中的虚线箭头清晰地表明输入的设置过程，即对白色的较小纳磁体应用向右的时钟场，根据磁南北极偶极子的作用规律，它会对线中第一个 MQCA 器件产生向上的磁化，从而设定线结构的输入为逻辑"1"。

2. 统计计算结果

仿真中，水平和垂直方向的纳磁体间距选为 15nm，即先前研究得出的一个优化值[27]。为了使 MQCA 具有实用性并符合目前的实验温度，仍然只考虑室温情况。误放角度范围为 0°～5°，之所以选取这个角度范围是由于采用先进的 EBL 工艺来放置时钟，时钟误放缺陷非常小[24]。选取尺寸为 50nm×80nm×25nm（AR = 0.625）[27] 的超坡莫合金磁性材料纳磁体进行仿真。在这个固定的纳磁体尺度下，如果含有缺陷时钟场的流水线 MQCA 结构的输出磁化极化率大于 0.8（理想值为 1），认为电路操作是成功的。否则，如果输出磁化极化率小于 0.8，则认为电路操作失败。实际上，只要归一化磁化值大于 0.5，纳磁体就可使其转换到正确状态[28]，因而书中的归一化磁化极化率是一个更加严格的条件。此外，用到 $U(0°，5°)$ 这个均匀分布来对时钟误放缺陷角度进行统计分析。假设 β_v 满足这个概率分布，则制造引发的时钟误放缺陷，误放角度 β 定义为

$$\beta = \beta_i + \mu\beta_v \tag{4.20}$$

这里 β_i 表示理想的时钟场方向 0°，而 μ 表示从区间[0，1]选取的一个连续随机数，它可用于描述时钟缺陷误放角度散布的幅度。试验中，以 μ 作为误放角度因子并研究成功的操作和因子 μ 之间的关系。对于任一 μ 值时的每个时钟区域，对 MQCA 结构进行 500 次仿真试验，500 次试验是指一组满足均匀分布的 500 个角度值。此外，对于单输入结构，即互连线、反相器和拐角，逻辑"0"和逻辑"1"值分别应用一次；而对于择多逻辑门，它的八个输入组合均被用于计算。对制造引发的时钟误放缺陷进行数值仿真，获得了不同 MQCA 结构的成功概率 $P_{success}$ 和误放角度因子 μ 之间的函数关系。

图 4.18 给出四种基本流水线 MQCA 结构在均匀分布时钟误放角度下的成功概率。从图中可知 MQCA 阵列操作受到了严重的时钟误放缺陷影响，但所有曲线的整体行为很相似。不同 MQCA 结构成功率的质变点（成功率从 1 开始下降处）对应的误放角度因子值各不相同。通过对比分析，得出的结论如下。

(1)随着时钟偏移角度散布变得越紊乱（μ 值越大越紊乱），所有流水线 MQCA 结构的操作成功率不断下降。

(2)时钟误放缺陷择多逻辑门的操作最鲁棒，其质变点的 μ 值最大，$\mu \approx 0.66$。

(3)从统计研究的结果来看，拐角结构对时钟误放缺陷最敏感。

从上述结论进一步可得，均匀分布的时钟误放缺陷散布大大影响了流水线 MQCA 电路结构的操作成功率。

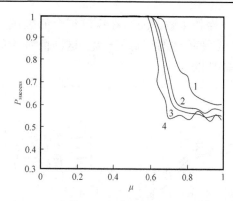

图 4.18　不同 MQCA 结构成功率和误放角度因子 μ 之间的函数关系
1—择多逻辑门；2—反相器；3—互连线；4—拐角

3. 纳磁体尺寸和时钟误放量的关系[28]

为了详细和全面地认识纳磁体尺寸和时钟误放角度对四种基本 MQCA 结构性能的影响，下面将研究缺陷时钟偏移角度和纳磁体平面尺寸同时变化的情况。这样就可以得到纳磁体平面尺寸和可允许偏移角度之间的制约关系。为了简单起见，采用纳磁体的纵横比用于描述纳磁体几何形状的变化性。以步长 0.1 增加纳磁体的纵横比来进行仿真。注意这里的实验没有固定的次数，一旦根据上面的仿真方法找到该纵横比下的误放角度临界值即停止仿真。但电路操作成功的标志仍然是流水线 MQCA 结构的输出磁化极化率大于 0.8。

MQCA 结构在不同 AR 和时钟偏移角度值时操作的仿真结果如图 4.19 所示。图中每条曲线上面的区域表示当发生时钟误放时，对应结构操作失败；而每条曲线下面的区域则表示相应结构操作成功。此外，"拐角（区域 2）"表示拐角结构中的时钟区域 2 出现缺陷。

从图 4.19 可以得到如下两条重要的结论。

（1）随着纳磁体器件纵横比的增加，所有 MQCA 结构的可容忍的时钟误放角度值减小且 MQCA 结构总的性能变差。换句话说，功能结构的操作和纳磁体平面尺寸或纵横比密切相关，尤其是当时钟缺陷发生在流水线结构中时。

（2）"拐角（区域 2）"比"拐角（区域 3）"的时钟缺陷可容忍度差。从图 4.19 可知，当拐角结构中纳磁体的纵横比下降到 0.8 时，时钟缺陷出现在区域 3 比出现在区域 2 时容忍更大的偏移角度。这种差异可能源自于拐角结构中纳磁体的不同排列方式。注意到拐角结构中的区域 2 是反铁磁耦合，而区域 3 是铁磁耦合。通常来说，朝东北方向的偏移时钟易于翻转纳磁体到逻辑"1"，而朝东南方向的偏移时钟易于翻转纳磁体到逻辑"0"。然而在反铁磁耦合的区域中，由于逻辑"0"和逻辑"1"交替出现，因此时钟场方向的偏移不会倾向于某一逻辑状态，结果该结构在区域 2

发生大偏移量时钟缺陷时操作失败。相反,在铁磁耦合的区域中,失败的传递信号(时钟误放方向)可能与某一期待传递的逻辑值一致,这样信号的局部错误将会得到屏蔽或遮掩,整体仍呈现出成功的操作。

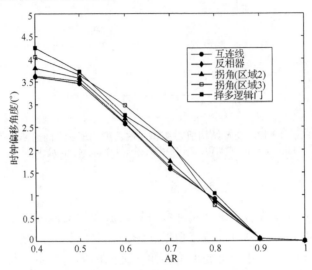

图 4.19　流水线 MQCA 结构在不同时钟误放角度和纳磁体尺寸下的行为

从以上结论可知,纳磁体平面几何和时钟误放缺陷确实对 MQCA 结构操作产生影响,方形形状的纳磁体(AR = 1)几乎不能容忍任何幅度的时钟偏移。事实上,当纵横比增大时,时钟偏移方向和较小的矫顽场降低了器件的能量势垒,导致其抵抗环境和邻近纳磁体影响的能力变差,因而电路操作失败,下面将进行详细的原因分析。

4.　时钟误放缺陷分析

下面将定量分析时钟误放缺陷引起流水线 MQCA 电路失败的原因,并对仿真结果给出理论解释。出现缺陷时钟的 MQCA 结构的不可靠转换可通过研究纳磁体的能量势垒方法进行论述。以互连线为例,两个邻近纳磁体的相对磁化方向如图 4.20 插入部分所示,这里 φ 是相对于左边固定纳磁体的平面磁化角度,两个纳磁体的尺寸和间距与以上相同。考虑含有混合磁各向异性的纳磁体[29],两个耦合纳磁体系统的总静磁能(采用 OOMMF 软件中的 mmGraph 模块输出)如图 4.20 所示,图中 k 表示玻尔兹曼常数,$T = 300K$。该能量图取自于互连线中第一个纳磁体和第二个纳磁体位置,能量图中心的"下陷"表示 $\varphi = 0°$ 的情况。从图 4.20 可知,两个纳磁体在其转换过程中经历了三个临界能量阶段,分别对应于三个能量势垒态。第一个临界能量态(亚稳态)出现在 φ 为 0° 时,此时两个纳磁体平行排列。第二个临界能量态出现在 φ 为 90° 时,两个纳磁体同样不稳定。第三个临界能量态(稳态)出现在 φ 为 180° 时,此时两个纳磁体呈反平行排列现象。

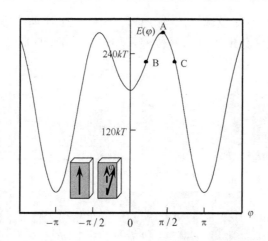

图 4.20 两个邻近区域互作用纳磁体的静磁能量图

在提出的三相位流水线时钟信号中，难磁化轴方向外部磁场以一定的时序施加到每一区域。通常，如果这个时钟被准确放置到难磁化轴方向且被激活，则三个纳磁体在转换结束时会位于能量图的 A 点，如区域 3。但时钟被移除后，由于左边邻接时钟区域(区域 2)驱动这三个纳磁体将会重新翻转到反平行状态。但是现在出现了时钟误放缺陷，也就是磁场的方向指向东南或东北方向。因此区域 3 中的纳磁体会被磁化到其中一个方向，则区域 2 中的最后一个纳磁体与区域 3 中的第一个纳磁体之间的最终能量状态将不会位于中心点 A(90°)，而是与理想的磁化方向发生偏移，对应于能量图中的点 B 或点 C。因而当时钟被移除后，如果能量态位于点 C，则区域 2 中左边的纳磁体将被磁化到期望的反平行排列态。但是如果时钟误放缺陷导致能量态位于点 B，则来自左边纳磁体的作用力不能使区域 3 中的第一个纳磁体翻越中间临界能量点 A，则该结构最终会转换到第一个临界能量态。此外，区域 3 中的最后一个纳磁体也可能被下一相邻区域 1 中的第一个纳磁体翻转，两者的结合导致错误的转换发生。

时钟误放缺陷会引起流水线 MQCA 结构信号传递停滞或逻辑错误。为了清晰地描述失败过程，运用 OOMMF 软件仿真的流水线 MQCA 互连线的磁化演化图像如图 4.21 所示。可以看到该线结构各个纳磁体的磁化指向箭头数量并不相同，这主要是由于 OOMMF 软件中网格划分很难达到均匀造成的。影响均匀的因素包括纳磁体轴向尺寸以及整个磁性材料区域的维度，但磁化指向箭头的不均匀性并不会影响仿真的结果。图 4.21(a)表示互连线的初态。在图 4.21(b)中，新输入逻辑"1"被写入互连线，同时区域 2 出现时钟误放形式的制备缺陷。在图 4.21(c)中，误放缺陷产生的错误已经形成，因为根据图 4.21(b)所示的新输入，第四个纳磁体应该为逻辑"0"。错误信号在该线结构中继续传递，最后在图 4.21(d)中得到反向的错误逻辑"0"，而不是期待的直线功能(即逻辑"1"输出)，如图 4.21 中两个虚线椭圆标注所示。从这个磁化图像可以清楚地了解信号传递是如何失败的，即 MQCA 结构在缺陷时钟作用下出现明显的逻辑错误。

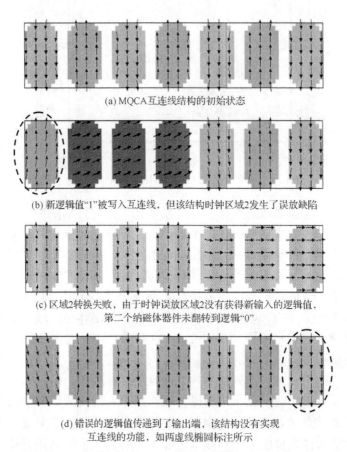

(a) MQCA互连线结构的初始状态

(b) 新逻辑值"1"被写入互连线，但该结构时钟区域2发生了误放缺陷

(c) 区域2转换失败，由于时钟误放区域2没有获得新输入的逻辑值，
第二个纳磁体器件未翻转到逻辑"0"

(d) 错误的逻辑值传递到了输出端，该结构没有实现
互连线的功能，如两虚线椭圆标注所示

图 4.21　流水线 MQCA 线结构时钟误放时信号传递的失败过程

4.3　电性 QCA 漂移电荷和串扰

4.3.1　漂移电荷效应

　　由于制造缺陷导致 QCA 电路中出现漂移电荷[30]，而彻底移除这些电荷可能很困难。二进制线的工作依赖元胞间的库仑相互作用，这种库仑相互作用受到漂移电荷的影响。漂移电荷的位置决定了器件能否正常工作，当漂移电荷靠近二进制线时

可能导致器件故障。通过直接对角化包括漂移电荷在内的系统的哈密尔顿函数来计算电子的基态，从而确定在什么情况下漂移电荷会导致器件故障，以及在什么情况下虽然有漂移电荷但器件仍能正常工作。

图 4.22 表示在漂移电荷存在的情况下，漂移电荷对二进制线影响作用示意图[30]。漂移电荷的位置是变化的，并且它的符号和幅值与电子一致。器件周围的区域可以分成两部分：一部分在该区域中漂移电荷将会导致器件故障(禁区)；另一部分区域虽然有漂移电荷，但器件能够正常工作(允区)。禁区和允区之间的界限是非常尖锐的，移动漂移电荷小于 1nm 都会导致结果改变。

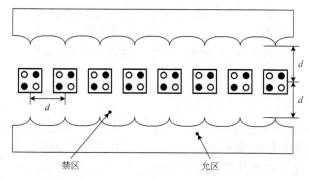

图 4.22　漂移电荷对二进制线影响示意图

由于二进制线和漂移电荷之间相互作用的库仑特性，相互作用力依赖线与漂移电荷之间的距离。当漂移电荷与传输线比较近时，它的影响较大，并且它总能导致线出现故障。随着漂移电荷远离传输线，库仑相互作用降低直到漂移电荷对于线的作用可以完全忽略。在这两个极限之间是转换点，在这个转换点上漂移电荷距离传输线足够远以至于它恰好能正常工作。对于线的任何一个特定的水平位置，有唯一的转换距离。对于这些水平位置确定一系列这些转换点，因而就能够确定禁区和允区的界限的形状。

图 4.22 中的元胞原理性的表示指出界限的周期性，因为认为仿真线是在两个方向上是无限延伸的。虽然图中的元胞是原理性的，但是界限的形状是上述实际计算的结果。元胞的尺寸与禁区大小成比例，大约同元胞中心间间距一样宽。靠近元胞中心禁区的内部曲线是由于组成传输线的元胞的对称性，当漂移电荷靠近元胞的水平中心时作用变弱，因此在这些位置上允区靠近传输线。

图 4.23 为漂移电荷对双二进制线的影响示意图[30]。在这种情况下，由于双二进制线中的两条线放置得很近，其近邻耦合产生相互强化作用，大大增强了任一条单线中逻辑信息传递的可靠性。在这种线中引入一个错误需要两倍的在单个二进制线中引入一个错误的能量，因此这样一个双线比单线可靠性更高。

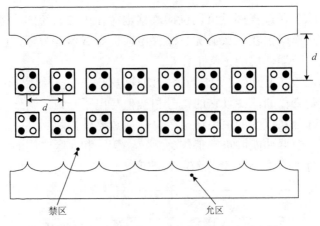

图 4.23　漂移电荷对双二进制线影响示意图

4.3.2　串扰效应

随着器件几何尺寸的减小，相邻元胞之间的串扰[31]事实上将产生有效的桥接故障。QCA 利用电子的位置来表示二进制信息，基于这个原因，QCA 中的串扰是布局独立的，并且通过元胞的放置和布线来进行串扰危险估计和减少串扰是最合适的。单个元胞对传输线的串扰示意图和线对线的串扰示意图分别如图 4.24 和图 4.25 所示，其中 α 是传输线的输入元胞和干扰线的第一个元胞之间的元胞数量，β 是两条线之间的垂直距离，γ 是干扰线的长度，传输线的长度均为 100 个元胞长，采用 QCADesigner 的双稳态[32]仿真不同情况下的串扰对器件的影响。

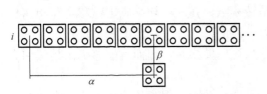

图 4.24　单个元胞对传输线的串扰示意图

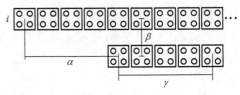

图 4.25　线对线的串扰示意图

单个元胞对传输线的串扰仿真是通过每次 α 的增加量为 5 个元胞，同时调整 β 直至电路能够正常工作。仿真结果如图 4.26 所示。对于线的串扰，增加 γ 从 1 到 10 个元胞，并且再一次调整 β 直到电路产生正确的输出，图 4.27 中的结果表示对于不同的 α，变量 β 关于 γ 的变化情况。

从图 4.26 和图 4.27 中可以看出，干扰元胞距离输入越远，电路越容易受到串扰的影响。这是因为当输入信号传递到串扰区域时，干扰信号已经使这些元胞受到干扰，以至于期望的输入不能正确地极化它们，实质上是将线至于亚稳态[29]。此外，

图 4.27 中的结果表明干扰线越长，就越可能在元胞之间产生不必要的串扰，这是因为线之间总的扭结能和耦合随着干扰线中元胞数量的增加而增加。

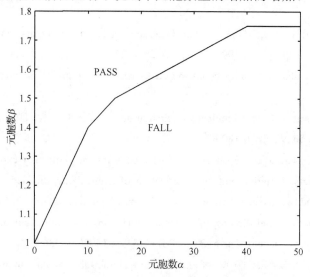

图 4.26　单个元胞对线的串扰仿真结果

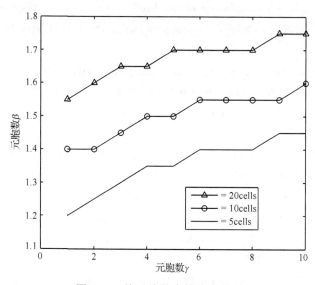

图 4.27　线对线的串扰仿真结果

　　上述仿真结果也可以用来提供一组基本的设计准则来防止 QCA 电路中的串扰。对于给定的 α，合适的 β 可以从图 4.26 或图 4.27 中找到，不仅能够保证电路产生正确的逻辑功能，同时能够保证最小的设计。类似地，对于给定的 α 和 β 也能找到合适的 γ 值，反之亦然。

参 考 文 献

[1]　Snider G L, Orlov A O, Amlani I, et al. Quantum-dot cellular automata: line and majority gate logic[J]. Jpn. J. Appl. Phys., 1999, 38(12): 7227-7229.

[2]　Lent C S. Molecular electronics-bypassing the transistor paradigm[J]. Science, 2000, 288(5523): 1597-1599.

[3]　Lent C S, Isaksen B. Clocked molecular quantum-dot cellular automata[J]. IEEE Trans. Electron Devices, 2003, 50(9): 1890-1896.

[4]　Jiao J, Long G, Grandjean F, et al. Building blocks for the molecular expression of quantum cellular automata. Isolation and characterization of a covalently bonded square array of two ferrocenium and two ferrocene complexes[J]. J. Am. Chem. Soc., 2003, 125(8): 1522-1523.

[5]　Lu Y H, Lent C S. Self-doping of molecular quantum-dot cellular automata: mixed valence zwitterions[J]. Phys. Chem. Chem. Phys., 2011, 13(9): 14928-14936.

[6]　Crocker M, Hu X S, Niemier M, et al. PLAs in quantum-dot cellular automata[J]. IEEE Trans. Nanotechnol., 2008, 7(3): 376-386.

[7]　Karim F, Walus K. Characterization of the displacement tolerance of QCA interconnects[A]. Proceedings of IEEE International Workshop on Design and Test of Nano Devices, Circuits and Systems[C], 2008: 49-52.

[8]　Yang X K, Cai L, Wang S Z, et al. Reliability and performance evaluation of QCA devices with rotation cell defect[J]. IEEE Trans. Nanotechnol., 2012, 11(5): 1009-1018.

[9]　Lent C S, Tougaw P D. A device architecture for computing with quantum dots[J]. Proc. IEEE, 1997, 85(4): 541-557.

[10]　Lu Y H, Liu M, Lent C S. Molecular quantum-dot cellular automata: from molecular structure to circuit dynamics[J]. J. Appl. Phys., 2007, 102: 034311-1~7.

[11]　Toth G, Lent C S. Role of correlation in the operation of quantum-dot cellular automata[J]. J. Appl. Phys., 2001, 89(12): 7943-7953.

[12]　Timler J, Lent C S. Power gain and dissipation in quantum-dot cellular automata[J]. J. Appl. Phys., 2002, 91(2): 823-831.

[13]　Walus K, Karim F, Ivanov A. Architecture for an external input into a molecular QCA circuit[J]. J. Comput. Electron., 2009, 8(1): 35-42.

[14]　Tokunaga K. Signal transmission through molecular quantum-dot cellular automata: a theoretical study on Creutz-Taube complexes for molecular computing[J]. Phys. Chem. Chem. Phys., 2009, 11(1): 1474-1483.

[15]　Ma X J, Huang J, Metra C, et al. Detecting multiple faults in one-dimensional arrays of reversible

QCA gates[J]. J. Electron. Test., 2009, 25(1): 39-54.

[16] Wang Y, Lieberman M. Thermodynamic behavior of molecular scale quantum-dot cellular automata (QCA) Wires and Logic Devices[J]. IEEE Trans. Nanotechnol., 2004, 3(3): 368-376.

[17] Hennessy K, Lent C S. Clocking of molecular quantum-dot cellular automata[J]. J. Vac. Sci. Technol. B, 2001, 19(5): 1752-1755.

[18] Yadavalli K K, Orlov A O, Timler J P, et al. Fanout gate in quantum-dot cellular automata[J]. Nanotechnology, 2007, 18: 3755401-1~4.

[19] Kim K, Wu K, Karri R. The robust QCA adder designs using composable QCA building blocks[J]. IEEE Trans. Comput.-Aid. Design Integr. Circuits Syst., 2007, 26(1): 176-183.

[20] Lu Y H, Lent C S. A metric for characterizing the bistability of molecular quantum-dot cellular automata[J]. Nanotechnology, 2008, 19: 155703-1~11.

[21] 杨晓阔. 量子元胞自动机可靠性和耦合功能结构实现研究[D]. 西安: 空军工程大学博士学位论文, 2012.

[22] Yang X K, Cai L, Huang H T, et al. Characteristics of signal propagation in magnetic quantum cellular automata circuits[J]. Micro & Nano Letters, 2011, 6(6): 353-357.

[23] Imre A, Csaba G, Ji L L, et al. Majority logic gate for magnetic quantum-dot cellular automata[J]. Science, 2006, 311(5758): 205-208.

[24] Bandyopadhyay S, Cahay M. Electron spin for classical information processing: a brief survey of spin-based logic devices gates and circuits[J]. Nanotechnology, 2009, 20: 412001-1~35.

[25] Alam M T, Siddiq M J, Bernatein G H, et al. On-chip clocking for nanomagnet logic devices[J]. IEEE Trans. Nanotechnol., 2010, 9(3): 348-351.

[26] International Technology Roadmap for Semiconductors 2011[R]. http://www.itrs.net.

[27] 杨晓阔, 蔡理, 康强, 等. 磁性量子元胞自动机逻辑电路的转换特性研究[J]. 物理学报, 2011, 60(9): 098503-1~7.

[28] Yang X K, Cai L, Kang Q, et al. Clocking misalignment tolerance of pipelined magnetic QCA architectures[J]. Microelectronics Journal, 2012, 43(6): 386-392.

[29] Aly S H, Yehis S, Soliman M, et al. A statistical mechanics-based model for cubic and mixed-anisotropy ferromagnetic systems[J]. J. Magn. Magn. Mater., 2008, 320(2): 276-278.

[30] Tougaw P D, Lent C S. Effect of stray charge on quantum cellular automata[J]. Jpn. J. Appl. Phys, 1995, 34: 4373-4375.

[31] Karim F, Walus K, Ivanov A. Crosstalk in QCA arithmetic circuits[J]. Advanced Signal Processing Algorithms, Architectures, and Implementations XVI, 2006, 6313(6): 1-9.

[32] Walus K, Dysart T J, Jullien G A, et al. QCAdesigner: a rapid design and simulation tool for quantum-dot cellular automata[J]. IEEE Trans. Nanotechnol., 2004, 3(1): 26-31.

第5章 量子元胞自动机可编程阵列

逻辑电路的可编程对于任何新兴技术都是非常重要的，量子元胞自动机可编程逻辑阵列(Programmable Logic Array，PLA)单元最早由 Crocker 等[1]提出。本章首先介绍可编程逻辑单元结构及其内部输入-输出端口的关系，并对 QCA 可编程逻辑阵列的编程方法进行举例说明。然后研究三种缺陷对 PLA 单元的影响结果，得出具体的不影响逻辑运算正确性的错误范围。最后探讨 QCA PLA 单元的故障检测问题，提出简便有效的 PLA 故障检测方法。

5.1 QCA 可编程单元

PLA 单元由两个择多逻辑门、隐含输入端、直接输入端、选择端和隐含输出端构成，如图 5.1 所示。通过固定上下端两个元胞的极化率的方法，将两个择多逻辑门固定成与门和或门。其中，与门排列在隐含输入、输出端的 PLA 单元为与平面的PLA 单元，反之为或平面的 PLA 单元。

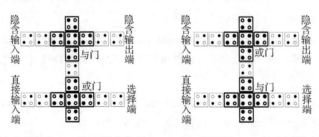

(a) 与平面的 PLA 单元(导线模式)　　(b) 或平面的 PLA 单元(或模式)

图 5.1　可编程逻辑阵列单元[1]

图 5.2 为可编程逻辑阵列单元的逻辑符号，其中隐含输入端、直接输入端的输入变量分别为 I_1、I_2，选择端的逻辑变量为 S，隐含输出端的逻辑变量为 O。PLA 单元的编程是通过配置选择端 S 的值来实现的，由前面择多逻辑门的逻辑表达式可知，在与平面中，若 $S=0$，则 $O=I_1 \cdot I_2$；若 $S=1$，则 $O=I_1$。在与平面中，当 $S=0$ 时，PLA 单元实现逻辑与功能，如图 5.2(a)所示；当 $S=1$ 时，PLA 单元实现导线功能，隐含输出端的值即隐含输入变量的值。在或平面中，当 $S=1$ 时，PLA 单元实现逻辑

或功能，即 $O = I_1 + I_2$；当 $S = 0$ 时，PLA 单元实现导线功能，隐含输出端的值即隐含输入变量的值，如图 5.2(b)所示。

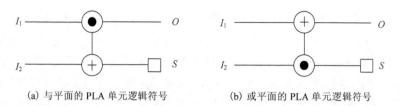

(a) 与平面的 PLA 单元逻辑符号　　　　　　　(b) 或平面的 PLA 单元逻辑符号

图 5.2　可编程逻辑阵列单元逻辑符号

将上述与平面的 PLA 单元和或平面的 PLA 单元互连，即可以组成 PLA 结构，如图 5.3 所示。该结构的左半面为与平面，右半面为或平面。通过时钟来控制信号流动方向，在与平面中，逻辑计算方向是由左至右，而或平面的逻辑计算方向是由上向下。

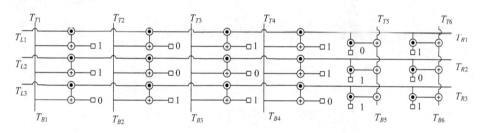

图 5.3　实现"异或"和"或"逻辑功能的 PLA

QCA PLA 结构可以通过控制选择端的值 S 针对不同的应用需求多次重复编程，在与平面，采用按行编程的办法，而在或平面，则按列编程。下面以图 5.3 所示[1]为例对编程进行说明，设 T_{L1}、T_{L2}、T_{L3} 分别为阵列左侧与平面三个端口的输入变量，T_{R1}、T_{R2}、T_{R3} 为阵列右侧或平面三个端口的输入变量，T_{T1}、T_{T2}、T_{T3}、T_{T4}、T_{T5}、T_{T6} 为上面端口的输入变量，T_{B1}、T_{B2}、T_{B3}、T_{B4} 端口的值与 T_{T1}、T_{T2}、T_{T3}、T_{T4} 等同，T_{B5}、T_{B6} 为整个阵列输出端逻辑变量，整个阵列的输出值取决于或平面的列数。若输入 $T_{L1} = T_{L2} = T_{L3} = 1$，$T_{T5} = T_{T6} = 0$，$T_{B1} = X$，$T_{B2} = \bar{X}$，$T_{B3} = Y$，$T_{B4} = \bar{Y}$，其他输入端不做设置，相应配置每一个选择端值 S，可以令 PLA 结构实现 $T_{B5} = X \text{ XOR } Y$ 和 $T_{B6} = \bar{X} \text{OR} \bar{Y}$ 两个功能。PLA 结构的扩展，可以通过增加与平面和或平面的行数和列数来实现。

PLA 结构的最大特性是同一器件可以针对不同需求多次反复编程应用，且可以实现多输入、多输出，同时完成多个功能。同时，PLA 自身提供的冗余结构为其提供了一定的容错能力，这对于目前的 EQCA 器件的应用具有较大的现实意义。

5.2　QCA 可编程阵列

图 5.4 为一个由两行两列的与平面和一个两行一列的或平面组成的 PLA 阵列结构版图[2]。其中，实线框为与平面，虚线框为或平面，T_{L1} 和 T_{L2} 分别为与平面第一行和第二行的隐含输入变量，T_{B1}、T_{B2} 分别为与平面第一列和第二列的直接输入变量，T_{B3} 为或平面直接输入变量，S_{11}、S_{12}、S_{21} 和 S_{22} 分别为与平面 4 个 PLA 单元的选择端逻辑值，S_{11}'' 和 S_{21}'' 为或平面 2 个 PLA 单元的选择端逻辑值，and$_1$ 和 and$_2$ 分别为与平面第一行第一列和第一行第二列 PLA 单元的输出值，or$_1$ 为或平面第一行 PLA 单元的输出值，OUT 为阵列的输出值(此阵列或平面只有一列，因此只有一个输出值)。

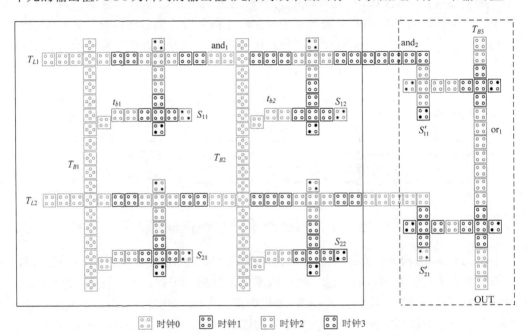

图 5.4　QCA 可编程逻辑阵列结构设计版图

图 5.4 所示电路中，与平面 PLA 阵列单元内部由时钟控制的信号流向是由右至左、由下向上，每个单元占用一个时钟周期，每一列中的 PLA 单元时钟相同，这样既便于统一的时钟布局，又保证与平面的输出信号按时到达相应位置。而在或平面中，PLA 单元内部信号流向是由左至右、由下向上，每个 PLA 单元占用半个时钟周期，PLA 单元之间的信号传递方向是由上向下。根据上面的与平面和或平面的选择端配置原则，配置相应选择端的逻辑值：令 $S_{11} = 0$，则第一行第一列的 PLA 单元完成 and$_1 = T_{L1} \cdot T_{B1}$ 的逻辑计算；令 $S_{12} = 1$、$S_{21} = 1$、$S_{22} = 1$，则相应的 PLA 单元为

导线模式，逻辑信号值正常传递。最后，整个阵列完成 $OUT = or_1 = T_{L1} \cdot T_{B1} + T_{B3}$ 的逻辑计算。

为分析图 5.4 所示电路的信号传递和逻辑计算功能，应用 QCADesigner 仿真软件[3]进行仿真验证，仿真结果如图 5.5 所示(略掉四相位时钟信号曲线)。首先，可以看出 t_{b1} 和 t_{b2} 精确地跟踪了旋转元胞输入端的逻辑值 T_{B1} 和 T_{B2}。第一行第一列的 PLA 单元完成与操作，从图 5.5 的第二、四、六行可以看出，其输出值 $and_1 = T_{L1} \cdot T_{B1}$，准确地完成了与运算的操作。第一行第二列的 PLA 单元工作在导线模式，从图 5.5 的第六、七行可以看出，输出值 and_2 很好地跟踪了 and_1 的逻辑状态。与平面第二行的两个 PLA 单元均工作在导线模式，不再赘述。或平面的第一行 PLA 单元工作在逻辑门模式，从图 5.5 的第一、七、八行可以看出，其输出值较好地完成了 $or_1 = T_{B3} + and_2$ 的逻辑操作。最后，或平面第二行 PLA 单元工作在导线模式，输出值 OUT 准确跟踪了 or_1，即 $OUT = or_1 = T_{L1} \cdot T_{B1} + T_{B3}$。

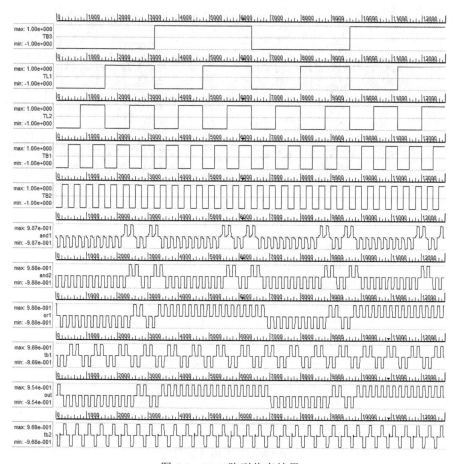

图 5.5　PLA 阵列仿真结果

5.3　QCA PLA 的单元胞缺陷

作为一种新兴器件，QCA 电路的制备工艺还不够完善，在制备的过程中难以避免发生元胞缺陷，本节采用 QCADesigner 软件进行仿真，分别研究三种缺陷对 PLA 单元的影响结果，得出具体的不影响逻辑运算正确性的错误范围[2,5]。

一个正常的 PLA 单元由 19 个元胞组成，为分析方便，分别进行编号，如图 5.6(a) 所示。元胞缺失是指与正常的 QCA 电路相比，某一位置上缺失了一个元胞，图 5.6(b) 给出 2 号元胞缺失[4]的例子；元胞移位缺陷[4]是指某元胞与其正确位置相比在垂直方向或水平方向上有位移，图 5.6(c) 中 4 号元胞为移位缺陷元胞；元胞未对准缺陷[4] 是指元胞相对于正常元胞的方向发生了偏移，如图 5.6(d) 所示，同样有水平方向和垂直方向两种情况。

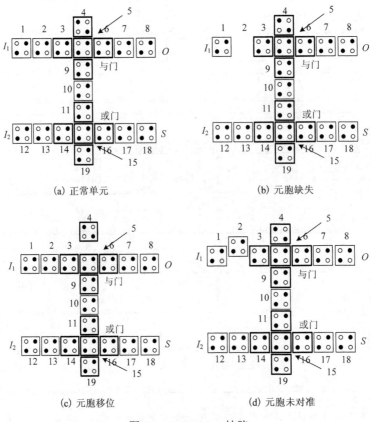

(a) 正常单元　　　　　　　　　　(b) 元胞缺失

(c) 元胞移位　　　　　　　　　　(d) 元胞未对准

图 5.6　QCA PLA 缺陷

5.3.1　元胞缺失对 PLA 单元的影响

PLA 单元有与平面单元和或平面单元两种，每一种单元可以通过配置"S"端实现逻辑门和导线两种工作模式。在每一种工作模式下，不同位置的元胞的作用有很大差异，表 5.1 给出 QCADesigner 软件[6]的仿真结果，元胞尺寸为 18nm×18nm，元胞间距为 2nm（下同）。元胞缺失情况对电路产生影响的用"√"表示，不存在影响的用"×"表示，1 号元胞和 8 号元胞为输入和输出端，不考虑元胞缺失情况，表 5.1 中不予列出[2,4]。

表 5.1　元胞缺失对 QCA PLA 单元的影响

元胞编号	与平面		或平面	
	导线模式	与门模式	导线模式	或门模式
2	√	√	√	√
3	√	√	√	√
4	×	√	×	√
5	√	√	√	√
6	×	√	×	√
7	√	√	√	√
9	√	√	√	√
10	√	√	√	√
11	√	√	√	√
12	×	√	×	√
13	×	√	×	√
14	×	√	×	√
15	√	√	√	√
16	×	√	×	√
17	×	√	×	√
18	×	√	×	√
19	√	√	√	√

表 5.1 的数据表明，不管是与平面还是或平面，4、6、12、13、14、16、17 和 18 号 8 个元胞发生缺失缺陷不会影响导线模式的正常功能，而在与门和或门模式下，任何一个元胞发生缺失缺陷都会影响逻辑功能。

下面以与平面导线模式下元胞缺失的情况进行举例说明。图 5.7 所示为与平面导线模式下的 3 号元胞发生缺失的 QCADesigner 仿真结果图[2,4]。图中，横坐标表示时间，纵坐标表示元胞极化率即逻辑值，波峰为逻辑"1"，波谷为逻辑"0"，前两行分别为

输入值 I_1 和 I_2，第三行为输出值 O，后四行为时钟，共分为四个时钟相位，只起到对信号的控制作用。从图 5.7(a)中可以看出，3 号元胞缺失时出现逻辑错误；3 号元胞缺失时，不影响逻辑运算，实现导线模式下的运算 $O = I_1$，如图 5.7(b)所示。

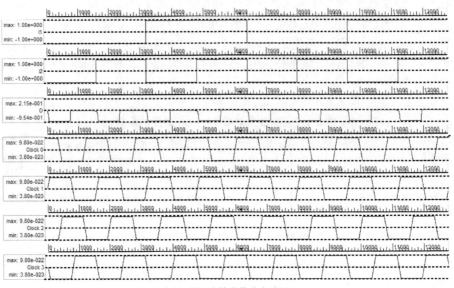

(a) 3 号元胞缺失的仿真结果

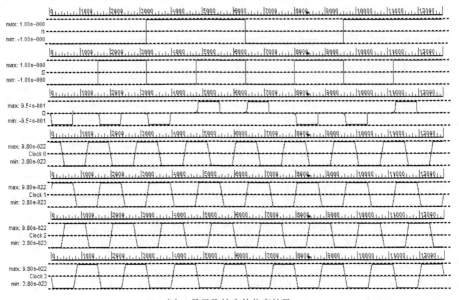

(b) 4 号元胞缺失的仿真结果

图 5.7　与平面导线模式 PLA 单元元胞缺失仿真结果对比图

5.3.2　元胞移位缺陷对 PLA 单元的影响

在不考虑靠近任一相邻元胞方向移位的情况下，可以发生移位缺陷的元胞为 1 号、4 号、8 号、12 号、18 号和 19 号，向上移位和向左移位距离记为负数，向下和向右移位记为正数。通过 QCADesigner 软件仿真，每个元胞在不影响 PLA 单元逻辑功能前提下移位的最大距离如表 5.2 所示[2,4]。其中，8 号元胞为输出端元胞，它的移位缺陷不影响 PLA 输出的逻辑值，但是影响输出极化率，表中给出移位 5nm 时的极化率，随着移位距离的增大，输出极化率减小。4 号、8 号和 12 号元胞在导线模式下工作时可以缺失，因此，它的移位距离不影响 PLA 单元的正确运算。PLA 单元对 19 号元胞的移位缺陷最为敏感，19 号元胞很小的移位距离就会造成 PLA 单元出现逻辑错误。

表 5.2　元胞移位缺陷对 PLA 单元的影响

元胞编号	与平面		或平面	
	导线模式	与门模式	导线模式	或门模式
1	−10.5nm	−13.1nm	−10.5nm	−13.1nm
4	−∞nm	−2.5nm	−∞nm	−2.4nm
8	移位 5nm 时，极化率 7.16	移位 5nm 时，极化率 7.16	移位 5nm 时，极化率 7.16	移位 5nm 时，极化率 7.16
12	−∞nm	−3.5nm	−∞nm	−3.5nm
18	∞nm	3.5nm	∞nm	3.4nm
19	1.6nm	1.4nm	1.0nm	1.4nm

下面以与平面导线模式下 1 号元胞发生移位缺陷的情况进行举例说明。图 5.8 所示为与平面导线模式下的 1 号元胞发生移位缺陷的 QCADesigner 仿真结果图[2,4]。图中，横坐标表示时间，纵坐标表示元胞极化率即逻辑值，波峰为逻辑 "1"，波谷为逻辑 "0"，前两行分别为输入值 I_1 和 I_2，第三行为输出值 O，后四行为时钟，共分为四个时钟相位，只起到对信号的控制作用。从图 5.8(a) 中可以看出，1 号元胞偏移−10.5nm 时，不影响逻辑运算，实现导线模式下的运算 $O = I_1$；偏移−10.6nm 时，出现逻辑错误，如图 5.8(b) 所示。

5.3.3　元胞未对准对 PLA 单元的影响

与移位缺陷相同，未对准缺陷向左和向上的偏移距离为负数，向右和向下偏移距离为正数，通过 QCADesigner 软件仿真，每个元胞偏移的最大距离如表 5.3 所示[2,4]。其中，在不考虑靠近任一相邻元胞方向偏移的未对准缺陷的情况下，5 号和 15 号元

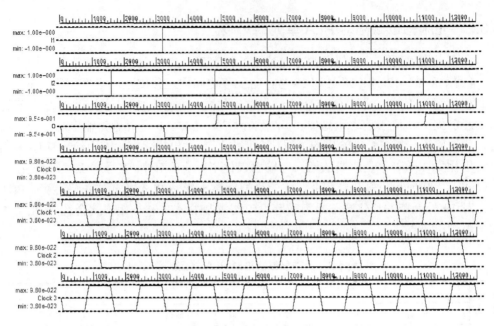

(a) 1 号元胞移位-10.5nm 的仿真结果

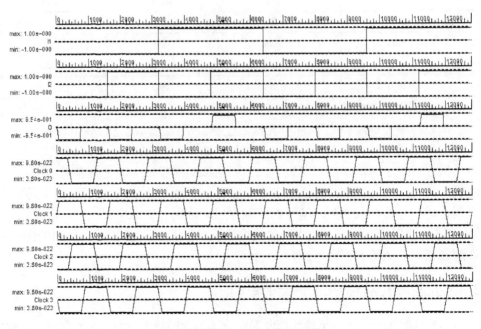

(b) 1 号元胞移位-10.6nm 的仿真结果

图 5.8　与平面导线模式 PLA 单元 1 号元胞移位缺陷仿真结果对比图

胞不存在未对准缺陷，表 5.3 中不予以列出；7 号和 8 号元胞的偏移距离只影响极化率而不影响逻辑值，偏移距离越大，极化率越小，表中给出偏移距为 5nm 情况下的极化率；在与平面和或平面导线模式下，12、13、14、16、17、18 号元胞的缺失不会影响 PLA 单元的逻辑运算，因此偏移同样不影响输出。而 9、10 和 11 号元胞的未对准缺陷对 PLA 单元影响最大，很小的偏移距离就会造成 PLA 逻辑运算错误。

表 5.3　元胞未对准缺陷对 PLA 单元的影响

元胞编号	与平面		或平面	
	导线模式	与门模式	导线模式	或门模式
1	−7.3～7.4nm	−7.5～7.6nm	−7.3～7.4nm	−2.8～2.9nm
2	−3.0～3.0nm	−3.2～3.3nm	−2.9～3.0nm	−0.4～0.7nm
3	−3.2～1.0nm	−3.4～1.1nm	−3.2～0.9nm	−3.4～1.1nm
4	−7.7～6.9nm	−4.7～4.6nm	−7.7～6.9nm	−4.7～4.7nm
6	−5.3～5.3nm	−5.3～5.3nm	−5.3～5.3nm	−5.3～5.3nm
7	错位 5nm 时, 极化率 8.32	错位 5nm 时, 极化率 8.32	错位 5nm 时, 极化率 8.32	错位 5nm 时, 极化率 8.32
8	错位 5nm 时, 极化率 8.39	错位 5nm 时, 极化率 8.39	错位 5nm 时, 极化率 8.39	错位 5nm 时, 极化率 8.39
9	−0.7～1.4nm	−0.7～1.7nm	−0.7～1.3nm	−0.8～1.5nm
10	−0.7～0.7nm	−0.8～0.8nm	−0.7～0.7nm	−0.8～0.8nm
11	−1.1～1.0nm	−1.2～1.3nm	−1.0～1.0nm	−1.2～1.2nm
12	−∞～+∞nm	−5.2～5.3nm	−∞～+∞nm	−5.2～5.2nm
13	−∞～+∞nm	−4.3～4.3nm	−∞～+∞nm	−4.3～4.3nm
14	−∞～+∞nm	−2.5～3.2nm	−∞～+∞nm	−2.5～3.2nm
16	−∞～+∞nm	−2.6～3.0nm	−∞～+∞nm	−2.5～3.1nm
17	−∞～+∞nm	−4.3～4.3nm	−∞～+∞nm	−4.3～4.3nm
18	−∞～+∞nm	−5.2～5.2nm	−∞～+∞nm	−5.2～5.2nm
19	−3.3～3.4nm	−3.8～3.6nm	−3.2～3.3nm	−3.7～3.6nm

下面以与平面导线模式下 2 号元胞发生未对准缺陷的情况进行举例说明。图 5.9 所示为与平面导线模式下的 2 号元胞发生未对准缺陷的 QCADesigner 仿真结果图[2,4]，图中，横坐标表示时间，纵坐标表示元胞极化率即逻辑值，波峰为逻辑 "1"，波谷为逻辑 "0"，前两行分别为输入值 I_1 和 I_2，第三行为输出值 O，后四行为时钟，共分为四个时钟相位，只起到对信号的控制作用。从图 5.9(a) 中可以看出，2 号元胞偏移−3.0nm 时，不影响逻辑运算，实现导线模式下的运算 $O = I_1$；偏移−3.1nm 时，出现逻辑错误，如图 5.9(b) 所示。

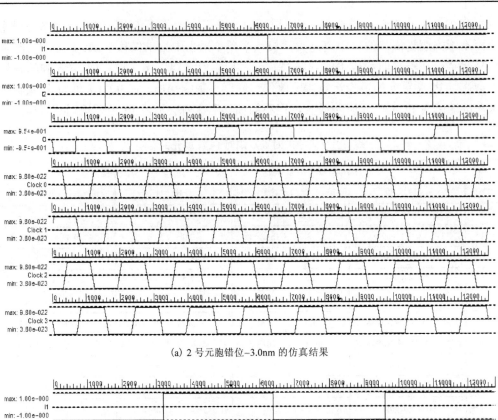

(a) 2 号元胞错位−3.0nm 的仿真结果

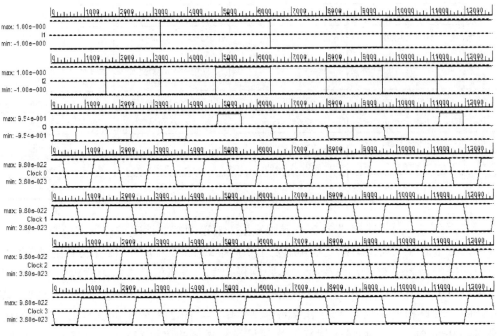

(b) 2 号元胞错位−3.1nm 仿真结果

图 5.9　与平面导线模式 PLA 单元 2 号元胞未对准缺陷仿真结果对比图

5.4　QCA PLA 故障分析与检测

制备缺陷是量子元胞自动机的常见问题,造成 PLA 阵列结构中存在各种故障,导致 PLA 阵列的逻辑运算出现错误。对于 PLA 电路,只有检测出具体的故障位置及故障类型,才能利用其自身的冗余结构实现容错应用,因此 PLA 的故障检测具有重要意义。这里将 PLA 单元分为 8 个区域,分别分析不同区域中的 4 种故障对 PLA 单元乃至整个 PLA 造成的影响结果,最后提出简便有效的 PLA 故障检测方法[2,7]。

5.4.1　PLA 故障分析

从故障造成的后果看,有且只有 4 种情况,即造成逻辑值不确定、逻辑值反向、固定在逻辑"1"和固定在逻辑"0"的故障。每种故障发生在 PLA 单元的不同位置,影响是不同的,因此,将 PLA 单元分为 8 个区域,分别为隐含线、中间线、直接线、选择线、与线和或线、与门和或门[8],如图 5.10 所示。

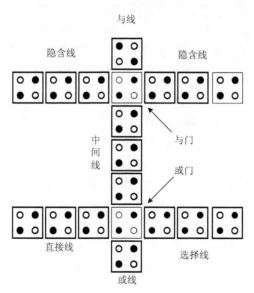

图 5.10　PLA 单元区域划分

基于前面介绍的 PLA 单元内部的逻辑关系,表 5.4 给出各种故障出现在不同位置时对 PLA 单元及整个阵列的影响结果。其中,F 表示完全故障,此种故障不仅会使故障所在的 PLA 单元出现逻辑错误，而且会导致 PLA 阵列整个故障所在行不可用；W 表示故障会影响故障所在的 PLA 单元，该单元不能实现完整的 PLA 功能，只能工作在导线模式，而对其他单元及整个 PLA 阵列的正常工作没有影响；L 表示故障会影响故障所在的 PLA 单元，该单元不能实现完整的 PLA 功能，只能工作在逻辑门模式，同样对其他单元及整个 PLA 阵列的正常工作没有影响。表 5.4 中，(1) 表示发生该故障的 PLA 单元不能实现完整的逻辑功能，仅可以工作在导线模式，使数据正常传输，且必须使直接线输入 "1"；表 5.4 中，(2)、(3)、(4) 表示发生该故障的 PLA 单元可以工作在任何状态，但 "S" 必须反向配置。

表 5.4　QCA 器件故障对与平面 PLA 单元功能影响

器件位置	与平面故障			
	不确定故障	反演故障	固定 "0" 故障	固定 "1" 故障
与线	F	F	正常情况	F
或线	F	F	F	正常情况
直接线	W	W	W	W
隐含线	F	F	F	F
选择线	(1)	(2)	L	W
中间线	F	(3)	F	W
与门	F	F	F	F
或门	F	(4)	F	W

从表 5.4 可以看出，PLA 对故障最为敏感的位置是隐含线和与门的元胞，从单个 PLA 单元看，不论是工作在导线模式还是逻辑门模式，隐含线和与门与整个 PLA 单元的输出结果关系最为直接，任何故障都会导致 PLA 单元出现逻辑错误；从阵列整体看，无论故障位置在隐含线的输入端还是输出端，均会导致整行出现逻辑错误，致使故障所在的行不可用，换言之，任一个出现在隐含线和与门的元胞出现故障，将导致其所在行失效。此外，中间线等其他区域的部分故障同样会导致整行失效。而直接线故障对 PLA 阵列的影响最小，从单个 PLA 单元看，直接线与单元的输出之间为间接关系，且在导线模式下，直接线的逻辑值是无效值；从阵列整体看，若某一个直接线出现故障，可以使其工作在导线模式下，在其下一列直接线输入中完成所需的逻辑功能。

5.4.2　PLA 故障检测

以三行四列的与平面和三行两列的或平面组成的 PLA 阵列结构为例，如图 5.11

所示，设 T_{L1}、T_{L2}、T_{L3} 分别为阵列左侧与平面三个端口的输入变量，T_{R1}、T_{R2}、T_{R3} 为阵列右侧或平面三个端口的输入变量，T_{T1}、T_{T2}、T_{T3}、T_{T4}、T_{T5}、T_{T6} 为上面端口的输入变量，第一列 O_{11}、O_{21}、O_{31} 分别为所在与平面的隐含线输出变量亦下一列隐含线输入变量，第二列、第三列与第一列相同，第四列 O_{14}、O_{24}、O_{34} 分别为所在与平面的隐含线输出变量且是或平面所在行的直接线输入变量，T_{B1}、T_{B2}、T_{B3}、T_{B4} 端口与 T_{T1}、T_{T2}、T_{T3}、T_{T4} 等同，T_{B5}、T_{B6} 为输出端逻辑变量。

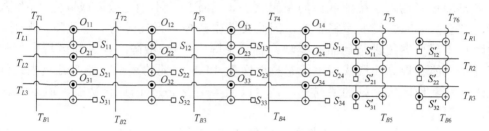

图 5.11　可编程逻辑阵列

基于表 5.4 的分析结果，以与平面为例，PLA 阵列的故障检测可按下列步骤进行。

第一步，中间线检测。使中间线三个元胞的下端分别输入"0"和"1"并重复，检测中间线的逻辑状态，若出现不确定故障，则与门的三个输入为：隐含输入、"0"和不确定，PLA 单元的隐含输出端值无法确定，因此会出现导致整行失效的严重后果；若出现固定"0"故障，则与门的三个输入为：隐含输入、"0"和"0"，PLA 单元隐含输出端的值则永远为"0"，同样会出现导致整行失效的严重后果，其所在行不需再进行下面检测；若出现反演故障，在其他部分完好的情况下，则 PLA 单元可以实现全部的逻辑功能，但其 S 必须反向配置；若出现固定"1"故障，则与门的三个输入为：隐含输入、"0"和"1"，隐含输出端的值取决于隐含输入的值，因此 PLA 单元不能实现完整的逻辑功能，在其他部分完好的情况下，只能工作在导线模式。

第二步，选择线检测。为每一个选择端 S 分别多次重复赋值"0"和"1"，检测选择线的逻辑状态。若选择线出现不确定故障，则或门的三个输入为：直接输入、"1"和不确定，因此 PLA 单元不能实现完整的逻辑功能，在其他部分完好的情况下，仅可以工作在导线模式，使数据正常传输，且必须使直接线输入"1"；若选择线出现反演故障，在其他部分完好的情况下，则 PLA 单元可以实现全部的逻辑功能，但其 S 必须反向配置；若选择线出现固定"0"和固定"1"故障，则 PLA 单元不能实现完整的逻辑功能，在其他部分完好的情况下，相应的只能分别工作在逻辑模式和导线模式。

第三步，直接线检测。使直接线分别输入"0"和"1"并重复，检测直接线的逻辑状态。或门的三个输入分别为直接线输入、选择端输入和"1"，在直接线存在故障的情况下，不论是哪种故障类型，在其他区域完好的情况下均只能实现导线模式，即选择端输入为"1"，确保或门向中间线的信号传递固定为"1"，只实现导线功能，这样可避免直接线故障影响整行的 PLA 单元。

第四步，或门检测。将或线元胞极化率固定为"1"，即逻辑"1"，令直接输入和选择端输入"1"、"0"，"0"、"0"和"1"、"1"，为检测反演故障和不确定故障，应重复输入，检测或门的逻辑状态，若或门为不确定故障或固定"0"故障，则会影响隐含线的逻辑状态，因此会发生致使整行失效的严重故障，此时，故障行不需要继续进行后面的检测；若发生固定"1"故障，在其他区域完好的情况下只能实现导线模式，不能完整地实现 PLA 单元的逻辑功能；若发生反演故障，在其他区域完好的情况下，则可以完整实现 PLA 的逻辑功能，但 S 必须反向配置。

第五步，隐含线检测。令与所有平面 PLA 单元的选择端 $S=1$，则与平面中的每一个 PLA 单元工作均在导线模式，使 T_{L1}、T_{L2}、T_{L3} 分别输入"0"和"1"，若两种输入均满足 $T_{L1}=O_{14}$，$T_{L2}=O_{24}$，$T_{L3}=O_{34}$，则隐含线无故障，若某一行不满足，则其所在行存在故障，不论是哪种故障，整行均不可用。

第六步，与门检测。将与线元胞极化率固定为"–1"，即逻辑"0"，令直接线和中间线"1"、"0"，"1"、"1"，"0"、"0"并重复，检测与门的逻辑状态。因与门的工作状态直接影响隐含线输出，因此不论发生哪种故障，均会导致故障所在行整行失效。

与线和或线为固定极化率的元胞，分别是固定极化率–1 和 1，即逻辑"0"和逻辑"1"，因此，相应地不存在固定"0"错误和固定"1"错误。与线和或线均为单个固定极化率元胞，在检测中不需要考虑不确定故障、反演故障和固定逻辑状态故障。

5.4.3　PLA 故障仿真举例

以图 5.4 的电路为例，采用 QCADesigner 软件进行仿真来说明电路故障的影响[2,7]。在与平面第一行第一列 PLA 单元隐含线输入端发生固定逻辑值"1"故障，则输入变量 T_{L1} 的值无法到达与门，由择多逻辑门的逻辑关系可知，此 PLA 单元的输出值 $and_1=T_{B1}$，无法完成 $and_1=T_{L1}\cdot T_{B1}$ 的逻辑运算功能，如图 5.12 第四、第六行所示。因 and_1 的值又是与平面第一行第二列 PLA 单元的隐含输入值，因此其逻辑运算会随后发生错误（图 5.12），依次类推，隐含线发生故障会导致 PLA 整行出现运算错误。

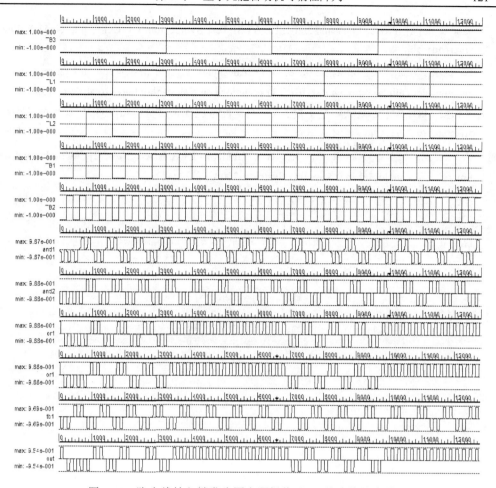

图 5.12　隐含线输入端发生固定逻辑值 "1" 故障的仿真结果

参 考 文 献

[1]　Crocker M, Hu X S, Niemier M, et al. PLAs in Quantum-Dot Cellular Automata[J]. IEEE Trans. Nanotechnol., 2008, 7(3): 376-386.

[2]　李政操. 量子元胞自动机耦合功能结构缺陷研究[D]. 西安: 空军工程大学硕士学位论文, 2012.

[3]　QCADesigner website, University of Calgary, ATIPS Laboratory. http://www.qcadesigner.ca.

[4]　李政操, 蔡理, 黄宏图. 基于 QCA 可编程阵列单元的元胞缺陷研究[J]. 微纳电子技术, 2012, 49(4): 222-227.

[5]　Tahoori M B, Momenzadeh M, Huang J, et al. Defects and faults in quantum cellular automata at

nano scale[A]. Proceedings of 22nd IEEE VLSI Test Symposium[C]. California: Napa Valley, 2004: 291-296.

[6]　Walus K, Dysart T J, Jullien G A, et al. QCAdesigner: a rapid design and simulation tool for quantum-dot cellular automata[J]. IEEE Transactions on Nanotechnology, 2004, 3(1): 26-31.

[7]　李政操, 蔡理, 杨晓阔, 等. 基于量子元胞自动机的 PLA 故障分析和检测[J]. 微纳电子技术, 2012, 49(9): 571-576.

[8]　Crocker M, Hu X S, Niemier M. Defects and faults in QCA-based PLAs [J]. ACM Journal on Emerging Technologies in Computing Systems, 2009, 5(2): 1-27.

第6章　量子元胞自动机电路的可靠性

目前，QCA 电路都是以不同组件/模块相互互连进行设计的。特别地，由于 QCA 拥有结构简单、功能丰富的择多逻辑门(可衍伸出与门或者或门)这一组件模块，几乎所有的 QCA 电路都可以使用择多逻辑门再辅以互连结构(直线互连、交叉互连等)就能实现。因而，本章就从 QCA 电路中的这些组件/模块角度出发，分析电路的整体概率可靠性，探讨如何对各种组件进行不同布局以构建高可靠性的 QCA 电路。最后，设计具有容错性的 QCA 逻辑门及电路。

6.1　概率转移矩阵

Patel 等于 2003 年首先提出将概率转移矩阵[1](Probabilistic Transfer Matrix，PTM)用于电路可靠性研究。Bahar 等对概率转移矩阵采用代数判决图方法[2](Algebraic Decision Diagrams，ADD)对矩阵维数进行压缩，从而使其应用于较大规模电路的可靠性研究。概率转移矩阵作为研究逻辑电路可靠性的一种方法，能够考虑到所有输入输出之间的关系，并能依据组成元件的错误概率精确地计算出整体电路的错误概率。在确定逻辑门的 PTM 之前，不需要精确地刻画出网络中信号之间的相关性。大规模逻辑电路也可通过对子电路采用电路分割法研究其可靠性。因而 PTM 是一种较为精确细致的电路可靠性分析方法。2009 年，王真等提出电路划分的思想，提出了一种基于 PTM 的电路可靠度的串行计算方法[3]，通过将电路进行合理分割来计算整体可靠度。

在概率转移矩阵中，行索引表示输入值，列索引表示输出值，矩阵中的元素表示转移概率。当逻辑门的正确输出概率为 p，错误输出概率为 q 时，标准的二输入"与门"、二输入"或门"和"非门(反相器)"的概率转移矩阵如图 6.1 所示[1]。以二输入"与门"为例，当输入为"00"时，输出为"0"的概率为 p，输出为"1"的概率为 q，依此类推。对于特定的输入，由于输出值的状态空间是完备的，因而其所有输出概率之和满足 $p + q = 1$，即转移概率满足规范性。当元件正确输出概率 $p = 1$ 时为无错误时的概率转移矩阵，即理想概率转移矩阵[4](Ideal Transfer Matrix，ITM)，其中每一行仅有一个元素为 1，其余元素均为 0。

图 6.2 中 A 和 B 分别代表传输线、反相器、择多逻辑门等 QCA 基本模块。图 6.2(a)中，B 模块的每一输入均来自 A 模块的不同输出，这种电路结构称为串联

结构[1]。P_A 和 P_B 分别表示两模块的概率转移矩阵，则其整体概率转移矩阵为两模块概率转移矩阵的乘积 $P_A \cdot P_B$。图 6.2(b)中，A 模块和 B 模块的输入均来自不同的输出，且 A 和 B 在结构上是平行的，这种电路结构称为并联结构，其整体概率转移矩阵为两模块概率转移矩阵的张量积 $P_A \otimes P_B$。图 6.2(c)中，B 模块的输入连接到 A 模块的扇出输出时，A 模块的同一输出连接 B 模块的多个输入，这种电路结构称为扇出结构。为计算这种电路结构的概率转移矩阵，只需将 B 模块的概率转移矩阵中来自同一输出的值并不相同的行删除即可，其整体概率转移矩阵为删除后的概率转移矩阵的乘积 $P_A \cdot P_B'$。例如，如图 6.2(c)所示，B 模块的两个输入来自同一输出，那么就可将 B 的概率转移矩阵中行 1={01}和行 2={10}删除，这样就可以将概率转移矩阵的维数降低。

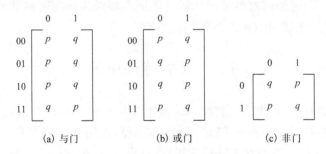

图 6.1　与或非门概率转移矩阵

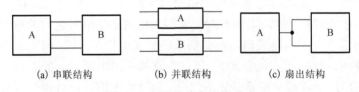

图 6.2　电路的基本连接方式

6.2　组合电路的概率可靠性

6.2.1　QCA 数值比较器可靠性

1. 整体错误概率分析

文献[5]中设计的一位 QCA 数值比较器的逻辑结构如图 6.3 所示。其中 MAND 为择多逻辑门构成的与门，MOR 为择多逻辑门构成的或门。

首先将该数值比较器分为 7 个基本组成单元 S_1，S_2，S_3，S_4，S_5，S_6，S_7。假设

各组成元件正确输出概率为 p_i，$i=1,2,3,4,5,6,7$，错误输出概率为 q_i，满足 $p_i + q_i = 1$。为了表示不同输入对择多逻辑门的影响，并结合其性质[6]将 S_4 中的两个择多逻辑门处理成与门，S_6 中的择多逻辑门处理成或门。

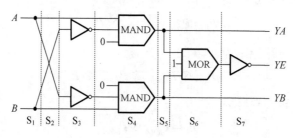

图 6.3　基于 QCA 的一位数值比较器逻辑结构图

假设在图 6.3 所示电路中同一类元件的概率转移矩阵相同，则有传输线概率转移矩阵为

$$\boldsymbol{P}_{\text{wire}} = \begin{bmatrix} p_1 & q_1 \\ q_1 & p_1 \end{bmatrix} \tag{6.1}$$

2-扇出线的概率转移矩阵为

$$\boldsymbol{P}_{\text{fanout-2}} = \begin{bmatrix} p_2 & q_2/3 & q_2/3 & q_2/3 \\ q_2/3 & q_2/3 & q_2/3 & p_2 \end{bmatrix} \tag{6.2}$$

2-交叉线的概率转移矩阵为

$$\boldsymbol{P}_{\text{swap-2}} = \begin{bmatrix} p_3 & q_3/3 & q_3/3 & q_3/3 \\ q_3/3 & q_3/3 & p_3 & q_3/3 \\ q_3/3 & p_3 & q_3/3 & q_3/3 \\ q_3/3 & q_3/3 & q_3/3 & p_3 \end{bmatrix} \tag{6.3}$$

反相器概率转移矩阵为

$$\boldsymbol{P}_{\text{inverter}} = \begin{bmatrix} q_4 & p_4 \\ p_4 & q_4 \end{bmatrix} \tag{6.4}$$

与门概率转移矩阵为

$$\boldsymbol{P}_{\text{mand}} = \begin{bmatrix} p_5 & p_5 & p_5 & q_5 \\ q_5 & q_5 & q_5 & p_5 \end{bmatrix}^{\text{T}} \tag{6.5}$$

或门概率转移矩阵为

$$\boldsymbol{P}_{\text{mor}} = \begin{bmatrix} p_6 & q_6 & q_6 & q_6 \\ q_6 & p_6 & p_6 & p_6 \end{bmatrix}^{\text{T}} \tag{6.6}$$

则由概率转移矩阵性质及图 6.3 可知 S_1 单元的概率转移矩阵为

$$P_1 = P_{\text{fanout-2}} \otimes P_{\text{fanout-2}} \tag{6.7a}$$

S_2 单元的概率转移矩阵为

$$P_2 = P_{\text{wire}} \otimes P_{\text{swap-2}} \otimes P_{\text{wire}} \tag{6.7b}$$

S_3 单元的概率转移矩阵为

$$P_3 = P_{\text{wire}} \otimes P_{\text{inverter}} \otimes P_{\text{inverter}} \otimes P_{\text{wire}} \tag{6.7c}$$

S_4 单元的概率转移矩阵为

$$P_4 = P_{\text{mand}} \otimes P_{\text{mand}} \tag{6.7d}$$

S_5 单元的概率转移矩阵为

$$P_5 = P_{\text{fanout-2}} \otimes P_{\text{fanout-2}} \tag{6.7e}$$

S_6 单元的概率转移矩阵为

$$P_6 = P_{\text{wire}} \otimes P_{\text{mor}} \otimes P_{\text{wire}} \tag{6.7f}$$

S_7 单元的概率转移矩阵为

$$P_7 = P_{\text{wire}} \otimes P_{\text{inverter}} \otimes P_{\text{wire}} \tag{6.7g}$$

该一位 QCA 数值比较器整体概率转移矩阵为

$$P = P_1 \cdot P_2 \cdot P_3 \cdot P_4 \cdot P_5 \cdot P_6 \cdot P_7 \tag{6.7h}$$

其中 P 为 4×8 的矩阵。一位数值比较器输入输出关系如表 6.1 所示,输入为 AB,输出为 $YAYEYB$。由概率转移矩阵及其性质可知当输入为"00"时,正确输出概率为 $P(1,3)$,错误输出概率为 $1 - P(1,3)$;当输入为"01"时,正确输出概率为 $P(2,2)$,错误输出概率为 $1 - P(2,2)$;当输入为"10"时,正确输出概率为 $P(3,5)$,错误输出概率为 $1 - P(3,5)$;当输入为"11"时,正确输出概率为 $P(4,3)$,错误输出概率为 $1 - P(4,3)$。其中 $P(2,2) = P(3,5)$,即在上述概率模型下,输入为"01"和"10"时,出现错误的概率相等,这一点从电路结构和输入的对称性中也可以得出。

表 6.1 一位 QCA 数值比较器输入输出关系

AB	YAYEYB							
	000	001	010	011	100	101	110	111
00	×	×	√	×	×	×	×	×
01	×	√	×	×	×	×	×	×
10	×	×	×	×	√	×	×	×
11	×	×	√	×	×	×	×	×

采用 MATLAB 分析对于不同的输入，当 q_i 变化时对一位 QCA 数值比较器整体错误概率的影响[7]。整体错误概率随某一元件错误概率变化时，其他所有元件错误概率保持不变且同为 0.001，图 6.4 为不同输入时整体错误概率随 q_i 变化曲线，其中 $q_i \in [0, 0.5]$。

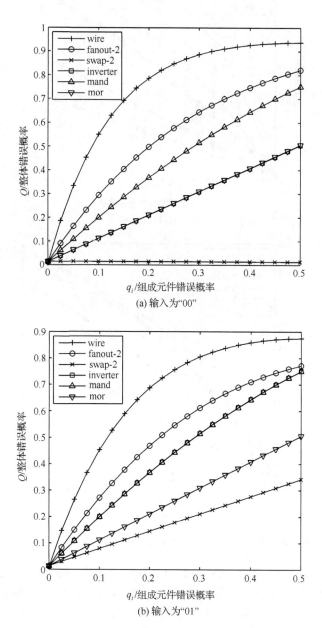

(a) 输入为"00"

(b) 输入为"01"

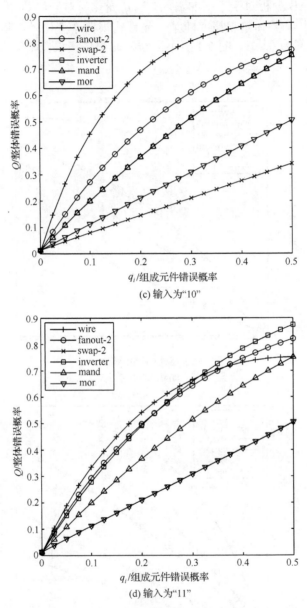

(c) 输入为"10"

(d) 输入为"11"

图 6.4 不同输入时整体错误概率随各组成元件错误概率变化曲线

当输入为"00"时，图 6.4(a) 为此时整体错误概率随 q_i 变化的曲线，可以看出在同样的错误概率水平下，传输线(wire)对整体错误概率的影响最大；2-扇出线(fanout-2)对整体错误概率的影响其次；与门对整体错误概率的影响较小；或门和反相器对整体错误概率的影响较弱，且二者对整体错误概率的影响近似相等；2-交叉线对整体错误概率的影响最小。与门、或门、反相器和 2-交叉线的错误概率与整体错误概率之间近似呈线性关系。

当输入为"01"或"10"时，图 6.4(b)和图 6.4(c)分别为此时整体错误概率随 q_i 变化的曲线，可以看出在同样的错误概率水平下，传输线对整体错误概率的影响最大；2-扇出线对整体错误概率的影响其次；反相器和与门影响次之，且二者对整体错误概率的影响近似相等；或门对整体错误概率的影响较弱；2-交叉线对整体错误概率的影响最小。反相器、与门、或门和 2-交叉线的错误概率与整体错误概率之间近似呈线性关系。

当输入为"11"时，图 6.4(d)为此时整体错误概率随 q_i 变化的曲线，可以看出在同样的错误概率水平下，传输线对整体错误概率的影响最大；2-扇出线对整体错误概率的影响其次；反相器对整体错误概率的影响较弱；与门对整体错误概率的影响较小；或门和 2-交叉线对整体错误概率的影响最小。与门、或门和 2-交叉线的错误概率与整体错误概率之间近似呈线性关系。

从以上分析可以得出，传输线对一位 QCA 数值比较器整体错误概率影响最大，因此在 QCA 数值比较器的可靠性设计过程中，传输线的可靠性是最为重要的。部分组成元件错误概率和整体错误概率之间近似呈线性关系。

2. 多元线性回归分析

2010 年 ITRS[8](International Technology Roadmap for Semiconductors)中指出在大规模集成电路中，组成元件的错误概率必须小于 10^{-7}。由于整体正确输出概率的表达式异常庞大，当各组成元件错误概率较小时，整体错误概率与各组成元件错误概率近似为线性关系，因此采用多元线性回归分析[9]来确定在该数值比较器中哪一个元件的可靠性对整体可靠性的影响更大，从而为其可靠性设计提供定量依据。设整体正确输出概率为 R，且满足

$$R = \sum_{i=1}^{6} a_i q_i + r \qquad (6.8)$$

其中，a_1, a_2, a_3, a_4, a_5, a_6 均小于 0，r 为接近于 1 的常数。q_1, q_2, q_3, q_4, q_5, q_6 分别取 [0, 0.05] 中的随机数，采用 MATLAB 分析不同输入情况下 a_1, a_2, a_3, a_4, a_5, a_6 值的大小，以此来确定元件的不同重要性，回归系数的模值越大说明该元件对整体可靠性的影响越大[10]，多元线性回归分析系数如表 6.2 所示。

表 6.2　多元线性回归系数

AB	a_1	a_2	a_3	a_4	a_5	a_6	r
00	−7.9325	−3.3052	−0.0001	−0.9861	−1.9839	−0.9912	0.9999
01	−5.9594	−2.9759	−0.6604	−1.9894	−1.9820	−0.9940	0.9999

AB	a_1	a_2	a_3	a_4	a_5	a_6	r
10	−5.9594	−2.9759	−0.6604	−1.9894	−1.9820	−0.9940	0.9999
11	−3.9706	−3.3008	−0.9917	−2.9782	−1.9865	−0.9930	0.9999

从多元线性回归系数中可以明显得出，当输入为"00"时，传输线对整体正确输出概率影响最大，2-扇出线、与门、或门、反相器、2-交叉线对整体正确输出概率的影响依次递减；输入为"01"或"10"时，传输线对整体正确输出概率影响最大，2-扇出线、反相器、与门、或门、2-交叉线影响依次递减；当输入为"11"时，传输线对整体正确输出概率影响最大，2-扇出线、反相器、与门、或门、2-交叉线影响依次递减。在所有的输入情况中，传输线始终是影响整体正确输出概率的主要元件，从而进一步说明了传输线在该数值比较器中的重要性，与上述定性分析结果一致。

由于元件个数的累积效应，这里将表 6.2 中多元线性回归系数除以该类型元件在电路中出现的次数，得到归一化的多元线性回归系数如表 6.3 所示。由表 6.3 可以得出，当输入为"00"时，与门、传输线、或门和 2-扇出线对整体正确输出概率的影响较大，而反相器和 2-交叉线对整体正确输出概率的影响较小；当输入为"01"或"10"时，或门、与门、传输线和 2-扇出线对整体正确输出概率的影响较大，而反相器和 2-交叉线对整体正确输出概率的影响较小；当输入为"11"时，与门、或门、反相器、2-交叉线和 2-扇出线对整体正确输出概率的影响较大，此时传输线对整体正确输出概率的影响相对较小。

表 6.3　归一化多元线性回归系数

AB	$a_1/8$	$a_2/4$	a_3	$a_4/3$	$a_5/2$	a_6	r
00	−0.9915	−0.8263	−0.0001	−0.3287	−0.9919	−0.9912	0.9999
01	−0.7449	−0.7448	−0.6604	−0.6631	−0.9910	−0.9940	0.9999
10	−0.7449	−0.7448	−0.6604	−0.6631	−0.9910	−0.9940	0.9999
11	−0.4963	−0.8252	−0.9917	−0.9927	−0.9932	−0.9930	0.9999

由相对于基于概率转移矩阵的计算结果，线性回归公式(6.8)形式简单，并且可用于组成元件在特定错误概率下的整体正确输出概率的预测。在 QCA 数值比较器的可靠性设计中可依据组成元件线性回归系数模值的大小进行重要性排序，为其可靠性设计提供依据指导。如果期望通过提高单个组成元件的可靠性来提高整体的可靠性，显然从模值较大的元件入手最为有效，而在实际电路中需综合考虑元件结构的复杂度和实现难易程度等采取相应措施。例如，在某些情况下，传输线和择多逻辑门对整体可靠性的影响相同，显然从结构上来说传输线的结构简单，

其可靠性的提高相对容易，因此就可以采用容错等技术通过提高单个组成元件的可靠性来提高整体的可靠性。

6.2.2　QCA 加法器可靠性

1. 概率转移矩阵模型的建立

四种 QCA 加法器[6, 11-13]结构如图 6.5 所示，图 6.5(a)所示的加法器由 1 个三输入择多逻辑门、1 个非门和 1 个五输入择多逻辑门组成；图 6.5(b)所示的加法器由 4 个三输入择多逻辑门和 3 个反相器组成；图 6.5(c)所示的加法器由 5 个三输入择多逻辑门和 3 个反相器组成；图 6.5(d)所示的加法器由 3 个三输入择多逻辑门和 2 个反相器组成，这里以择多逻辑门的数量对其进行命名，分别为 2-MAJ 加法器、4-MAJ 加法器、5-MAJ 加法器和 3-MAJ 加法器。按照电路分割原则并结合电路结构本身的对称性将它们划分为如图 6.5 所示的基本组成单元。

设元件正确概率为 p_i，$i = 1, 2, 3, 4, 5, 6$，错误概率为 q_i，满足 $p_i + q_i = 1$。五输入择多逻辑门的概率转移矩阵为 $\boldsymbol{P}_{\text{MAJ-5}}$（见附录）。反相器的概率转移矩阵为

$$\boldsymbol{P}_{\text{inverter}} = \begin{bmatrix} q_1 & p_1 \\ p_1 & q_1 \end{bmatrix} \tag{6.9}$$

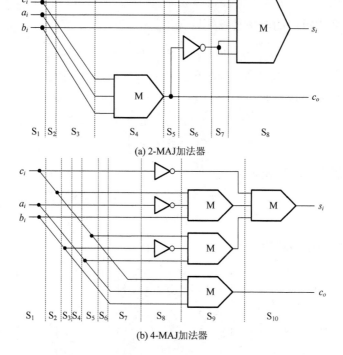

(a) 2-MAJ加法器

(b) 4-MAJ加法器

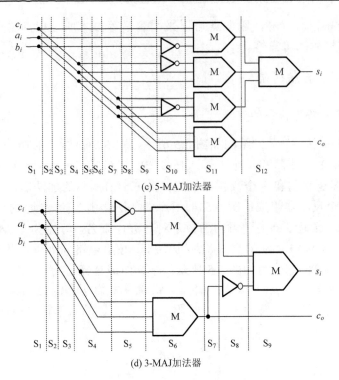

(c) 5-MAJ加法器

(d) 3-MAJ加法器

图 6.5　四种 QCA 加法器逻辑结构图

三输入择多逻辑门的概率转移矩阵为

$$\boldsymbol{P}_{\text{MAJ-3}} = \begin{bmatrix} p_2 & p_2 & p_2 & q_2 & p_2 & q_2 & q_2 & q_2 \\ q_2 & q_2 & q_2 & p_2 & q_2 & p_2 & p_2 & p_2 \end{bmatrix}^{\text{T}} \tag{6.10}$$

传输线的概率转移矩阵为

$$\boldsymbol{P}_{\text{wire}} = \begin{bmatrix} p_4 & q_4 \\ q_4 & p_4 \end{bmatrix} \tag{6.11}$$

2-扇出线的概率转移矩阵为

$$\boldsymbol{P}_{\text{fanout-2}} = \begin{bmatrix} p_5 & q_5/3 & q_5/3 & q_5/3 \\ q_5/3 & q_5/3 & q_5/3 & p_5 \end{bmatrix} \tag{6.12}$$

2-交叉线的概率转移矩阵为

$$\boldsymbol{P}_{\text{swap-2}} = \begin{bmatrix} p_6 & q_6/3 & q_6/3 & q_6/3 \\ q_6/3 & q_6/3 & p_6 & q_6/3 \\ q_6/3 & p_6 & q_6/3 & q_6/3 \\ q_6/3 & q_6/3 & q_6/3 & p_6 \end{bmatrix} \tag{6.13}$$

以图 6.5(a)所示的电路结构为例，由概率转移矩阵的性质及其计算方法[1]，则有 S_1 单元的概率转移矩阵为

$$P_1 = P_{\text{fanout-2}} \otimes P_{\text{fanout-2}} \otimes P_{\text{fanout-2}} \tag{6.14a}$$

S_2 单元的概率转移矩阵为

$$P_2 = P_{\text{wire}} \otimes P_{\text{swap-2}} \otimes P_{\text{swap-2}} \otimes P_{\text{wire}} \tag{6.14b}$$

S_3 单元的概率转移矩阵为

$$P_3 = P_{\text{wire}} \otimes P_{\text{wire}} \otimes P_{\text{swap-2}} \otimes P_{\text{wire}} \otimes P_{\text{wire}} \tag{6.14c}$$

S_4 单元的概率转移矩阵为

$$P_4 = P_{\text{wire}} \otimes P_{\text{wire}} \otimes P_{\text{wire}} \otimes P_{\text{MAJ-3}} \tag{6.14d}$$

S_5 单元的概率转移矩阵为

$$P_5 = P_{\text{wire}} \otimes P_{\text{wire}} \otimes P_{\text{wire}} \otimes P_{\text{fanout-2}} \tag{6.14e}$$

S_6 单元的概率转移矩阵为

$$P_6 = P_{\text{wire}} \otimes P_{\text{wire}} \otimes P_{\text{wire}} \otimes P_{\text{inverter}} \otimes P_{\text{wire}} \tag{6.14f}$$

S_7 单元的概率转移矩阵为

$$P_7 = P_{\text{wire}} \otimes P_{\text{wire}} \otimes P_{\text{wire}} \otimes P_{\text{fanout-2}} \otimes P_{\text{wire}} \tag{6.14g}$$

S_8 单元的概率转移矩阵为

$$P_8 = P_{\text{MAJ-5}} \otimes P_{\text{wire}} \tag{6.14h}$$

整体概率转移矩阵为

$$P = P_1 \cdot P_2 \cdot P_3 \cdot P_4 \cdot P_5 \cdot P_6 \cdot P_7 \cdot P_8 \tag{6.14i}$$

其中 P 为 8×4 的矩阵，假设所有输入是等概率出现的，则其整体正确概率为 $P_{\text{overall}} = (P(1,1) + P(2,3) + P(3,3) + P(4,2) + P(5,3) + P(6,2) + P(7,2) + P(8,4)) / 8$。同理可建立其他三个 QCA 加法器电路的概率转移矩阵模型。一位 QCA 加法器输入输出关系如表 6.4 所示。

表 6.4 一位 QCA 加法器输入输出关系

$c_i a_i b_i$	$s_i c_o$			
	00	01	10	11
000	√	×	×	×
001	×	×	√	×

续表

$c_i a_i b_i$	$s_i c_o$			
	00	01	10	11
010	×	×	√	×
011	×	√	×	×
100	×	×	√	×
101	×	√	×	×
110	×	√	×	×
111	×	×	×	√

2. 各组成元件对整体可靠性影响分析

下面分别研究各电路的整体正确概率随各组成元件正确概率的变化情况[14]，其中各组成元件正确概率 $p_i \in [0.5, 1]$，分析整体正确概率随各组成元件正确概率变化时，其他所有组成元件正确概率保持不变且同为 0.99。

图 6.6(a)中可以得出，反向器、五输入择多逻辑门、三输入择多逻辑门、2-交叉线、2-扇出线、传输线的正确概率对整体正确概率的影响依次减小，且反向器、五输入择多逻辑门、三输入择多逻辑门、2-交叉线的正确概率与整体正确概率近似为线性关系。当传输线正确概率较小时，其对整体正确概率影响较小，当传输线正确概率较大时，整体正确概率随传输线正确概率的增大而急剧增大。

图 6.6(b)中可以得出，反向器、三输入择多逻辑门、2-交叉线、2-扇出线、传输线的正确概率对整体正确概率的影响依次减小，且反向器与整体正确概率近似为线性关系。当传输线正确概率较小时，其对整体正确概率影响较小，当传输线正确概率较大时，整体正确概率随传输线正确概率的增大而急剧增大。

图 6.6(c)中可以得出，反向器、三输入择多逻辑门、2-交叉线、2-扇出线、传输线的正确概率对整体正确概率的影响依次减小，且反向器与整体正确概率近似为线性关系。当传输线正确概率较小时，其对整体正确概率影响较小，当传输线正确概率较大时，整体正确概率随传输线正确概率的增大而急剧增大。

图 6.6(d)中可以得出，反向器、2-交叉线、三输入择多逻辑门、2-扇出线、传输线的正确概率对整体正确概率的影响依次减小，且反向器正确概率与整体正确概率近似为线性关系。当传输线正确概率较小时，其对整体正确概率影响较小，当传输线正确概率较大时，整体正确概率随传输线正确概率的增大而急剧增大。

从以上对四种不同结构的 QCA 加法器的可靠性研究中可以得出当各组成元件的正确概率较低时（$0.5 \leqslant p_i \leqslant 0.8$），传输线对整体的可靠性影响较小，而当元件正确概率较大时（$0.8 \leqslant p_i \leqslant 1.0$），整体正确概率随传输线正确概率的增大而急剧增大。

这说明在元件正确概率较低时，提高整体的可靠性可从提高除传输线之外的其他元件的可靠性入手，而当各组成元件正确概率较大时可通过提高传输线的可靠性来提高整体的可靠性。并且在整个参数变化范围内，反相器始终是影响整体正确概率最大的元件。

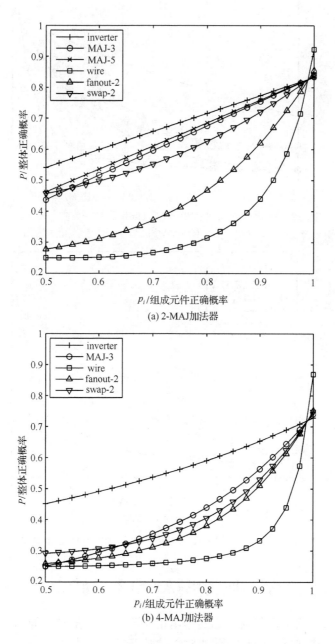

(a) 2-MAJ加法器

(b) 4-MAJ加法器

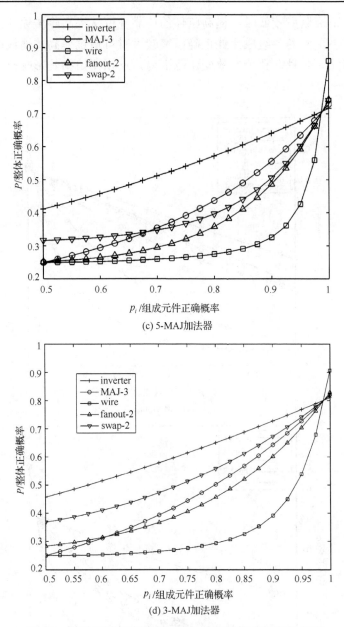

(c) 5-MAJ加法器

(d) 3-MAJ加法器

图 6.6　整体正确概率随各组成元件正确概率的变化曲线

6.3　时序电路的概率可靠性

　　在时序逻辑电路中，任何时刻的输出信号不仅取决于当时的输入信号，还取决于电路原来的工作状态，即与以前的输入信号及输出也有关系[15]。时序逻辑电路在结构上有两个特点：①时序逻辑电路包含组合电路和存储电路两部分。由于它要记忆以前的输入和输出情况，所以存储电路是不可缺少的。存储电路可以由触发器构成，也可以由带有反馈的组合电路构成。②组合电路至少有一个输出反馈到存储电路的输入端，存储电路的状态至少有一个作为组合电路的输入，与其他信号共同决定电路的输出。时序逻辑电路的结构框图如图 6.7 所示。

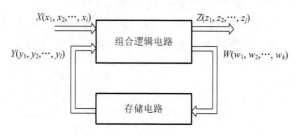

图 6.7　时序逻辑电路方框图

图 6.7 中，$X(x_1, x_2, \cdots, x_i)$ 为外部输入信号，$Z(z_1, z_2, \cdots, z_j)$ 为电路的输出信号，$W(w_1, w_2, \cdots, w_k)$ 为存储电路的输入，$Y(y_1, y_2, \cdots, y_l)$ 为存储电路的输出，也是组合电路的部分输入。这些信号之间的关系为

电路输出函数表达式为

$$Z(t_n) = F[X(t_n), Y(t_n)] \tag{6.15}$$

存储电路的激励函数为

$$W(t_n) = G[X(t_n), Y(t_n)] \tag{6.16}$$

存储电路的状态方程为

$$Y(t_{n+1}) = H[W(t_n), Y(t_n)] \tag{6.17}$$

其中，$Y(t_n)$ 表示 t_n 时刻存储电路的当前状态，$Y(t_{n+1})$ 为存储电路的下一状态。由这些关系可以看出，t_{n+1} 时刻的输出 $Z(t_{n+1})$ 是由 t_{n+1} 时刻的输入 $X(t_{n+1})$ 及存储电路在 t_{n+1} 时刻的状态 $Y(t_{n+1})$ 决定的；而 $Y(t_{n+1})$ 又由 t_n 时刻的存储电路的激励输入 $W(t_n)$ 及在 t_n 时刻存储电路的状态 $Y(t_n)$ 决定。因此，t_{n+1} 时刻电路的输出不仅取决于 t_{n+1} 时刻的输入 $X(t_{n+1})$，而且取决于在 t_n 时刻存储电路的输入 $W(t_n)$ 及存储电路在 t_n 时刻的状态 $Y(t_n)$，这充分反映了时序逻辑电路的特点。

在组合逻辑电路中，输入到输出是单向的；而在时序逻辑电路中，输入和输出之间由于存在着反馈回路，前一时刻的输出对下一时刻输入的输出结果是有影响的[16]。

6.3.1　QCA RS 触发器

目前为止，概率转移矩阵方法主要应用于组合逻辑电路可靠性研究，而很少应用于时序逻辑电路可靠性研究。组合逻辑电路和时序逻辑电路的主要区别在于，在组合逻辑电路中输入到输出是单向的，而在时序逻辑电路中由于存在着反馈回路，输出对下一输入的输出结果是有影响的，因此采用将反馈回路打开，在原有输入的基础上增加一路输入，并将时钟处理成理想因素，以此来研究时序逻辑电路的可靠性。

基于 QCA 的 RS 触发器[17]的电路结构如图 6.8 所示。

将 RS 触发器中反馈回路打开增加一路输入，考虑到延时等因素将其处理成不同的两路信号 Q^n 和 Q^{n+1}，得到 RS 触发器等效电路结构如图 6.9 所示。

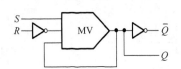
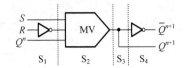

图 6.8　QCA RS 触发器电路结构图　　　图 6.9　QCA RS 触发器等效电路结构图

设传输线的概率转移矩阵为

$$\boldsymbol{P}_{\text{wire}} = \begin{bmatrix} p_1 & q_1 \\ q_1 & p_1 \end{bmatrix} \tag{6.18}$$

反相器(非门)的概率转移矩阵为

$$\boldsymbol{P}_{\text{inverter}} = \begin{bmatrix} q_2 & p_2 \\ p_2 & q_2 \end{bmatrix} \tag{6.19}$$

三输入择多逻辑门的概率转移矩阵为

$$\boldsymbol{P}_{\text{MAJ-3}} = \begin{bmatrix} p_3 & p_3 & p_3 & q_3 & p_3 & q_3 & q_3 & q_3 \\ q_3 & q_3 & q_3 & p_3 & q_3 & p_3 & p_3 & p_3 \end{bmatrix}^{\text{T}} \tag{6.20}$$

2-扇出线的概率转移矩阵为

$$\boldsymbol{P}_{\text{fanout-2}} = \begin{bmatrix} p_4 & q_4/3 & q_4/3 & q_4/3 \\ q_4/3 & q_4/3 & q_4/3 & p_4 \end{bmatrix} \tag{6.21}$$

则有 S_1 单元的概率转移矩阵为

$$\boldsymbol{P}_1 = \boldsymbol{P}_{\text{wire}} \otimes \boldsymbol{P}_{\text{inverter}} \otimes \boldsymbol{P}_{\text{wire}} \tag{6.22a}$$

S_2 单元的概率转移矩阵为

$$\boldsymbol{P}_2 = \boldsymbol{P}_{\text{MAJ-3}} \tag{6.22b}$$

S_3 单元的概率转移矩阵为

$$P_3 = P_{\text{fanout-2}} \tag{6.22c}$$

S_4 单元的概率转移矩阵为

$$P_4 = P_{\text{inverter}} \otimes P_{\text{wire}} \tag{6.22d}$$

该 RS 触发器整体概率转移矩阵为

$$P = P_1 \cdot P_2 \cdot P_3 \cdot P_4 \tag{6.22e}$$

做出整体正确概率随各组成元件正确概率变化曲线如图 6.10 所示。

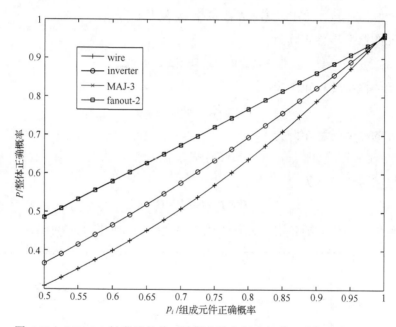

图 6.10　QCA RS 触发器整体正确概率随各组成元件正确概率变化曲线

从图 6.10 中可见，在相同的正确概率下，2-扇出线和择多逻辑门对触发器整体正确输出概率影响最大，且 2-扇出线和择多逻辑门对触发器整体正确概率影响相同；而反相器对整体正确输出概率影响较小，传输线对整体正确输出概率影响最小。两个的一种重要特征是，在组成元件正确概率范围内，整体正确概率与各组成元件正确概率近似为线性关系。

6.3.2　QCA D 触发器

文献[18]中设计的 QCA D 触发器如图 6.11 所示。同理将反馈回路打开得到等效电路结构如图 6.12 所示。

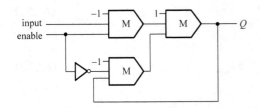

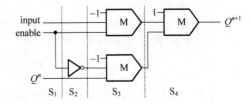

图 6.11　QCA D 触发器电路结构图　　　图 6.12　QCA D 触发器等效电路结构图

则有 S_1 单元的概率转移矩阵为

$$P_1 = P_{\text{wire}} \otimes P_{\text{fanout-2}} \otimes P_{\text{wire}} \tag{6.23a}$$

S_2 单元的概率转移矩阵为

$$P_2 = P_{\text{wire}} \otimes P_{\text{wire}} \otimes P_{\text{inverter}} \otimes P_{\text{wire}} \tag{6.23b}$$

S_3 单元的概率转移矩阵为

$$P_3 = P_{\text{mand}} \otimes P_{\text{mand}} \tag{6.23c}$$

S_4 单元的概率转移矩阵为

$$P_4 = P_{\text{mor}} \tag{6.23d}$$

整体概率转移矩阵为

$$P = P_1 \cdot P_2 \cdot P_3 \cdot P_4 \tag{6.23e}$$

做出整体正确概率随各组成元件正确概率变化曲线如图 6.13 所示。

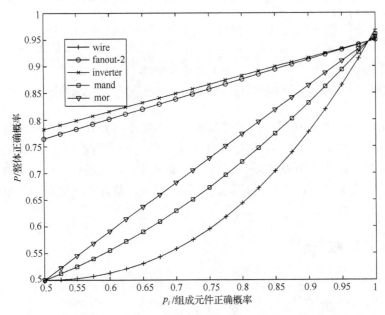

图 6.13　QCA D 触发器整体正确概率随各组成元件正确概率变化曲线

从图 6.13 所示的整体正确概率随各组成元件正确概率变化曲线可以得出，反相器、2-扇出线、或门、与门、传输线对整体正确概率影响依次减小，且反相器、2-扇出线、或门、与门的正确概率与整体正确概率近似为线性关系。

文献[18]中设计的另一种结构的 QCA D 触发器如图 6.14 所示。

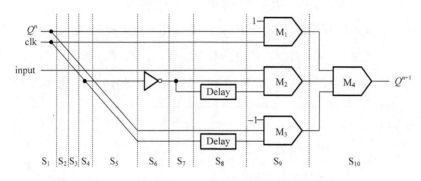

图 6.14　另一种 QCA D 触发器等效电路结构图

将延迟单元处理成特殊的传输线，其概率转移矩阵为

$$P_{\text{delay}} = \begin{bmatrix} p & q \\ q & p \end{bmatrix} \tag{6.24}$$

S_1 单元的概率转移矩阵为

$$P_1 = P_{\text{fanout-2}} \otimes P_{\text{fanout-2}} \otimes P_{\text{wire}} \tag{6.25a}$$

S_2 单元的概率转移矩阵为

$$P_2 = P_{\text{wire}} \otimes P_{\text{swap-2}} \otimes P_{\text{wire}} \otimes P_{\text{wire}} \tag{6.25b}$$

S_3 单元的概率转移矩阵为

$$P_3 = P_{\text{wire}} \otimes P_{\text{wire}} \otimes P_{\text{wire}} \otimes P_{\text{swap-2}} \tag{6.25c}$$

S_4 单元的概率转移矩阵为

$$P_4 = P_{\text{wire}} \otimes P_{\text{wire}} \otimes P_{\text{swap-2}} \otimes P_{\text{fanout-2}} \tag{6.25d}$$

S_5 单元的概率转移矩阵为

$$P_5 = P_{\text{wire}} \otimes P_{\text{wire}} \otimes P_{\text{wire}} \otimes P_{\text{swap-2}} \otimes P_{\text{wire}} \tag{6.25e}$$

S_6 单元的概率转移矩阵为

$$P_6 = P_{\text{wire}} \otimes P_{\text{wire}} \otimes P_{\text{wire}} \otimes P_{\text{inverter}} \otimes P_{\text{wire}} \otimes P_{\text{wire}} \tag{6.25f}$$

S_7 单元的概率转移矩阵为

$$P_7 = P_{\text{wire}} \otimes P_{\text{wire}} \otimes P_{\text{wire}} \otimes P_{\text{fanout-2}} \otimes P_{\text{wire}} \otimes P_{\text{wire}} \tag{6.25g}$$

S_8 单元的概率转移矩阵为

$$P_8 = P_{wire} \otimes P_{wire} \otimes P_{wire} \otimes P_{wire} \otimes P_{delay} \otimes P_{wire} \otimes P_{delay} \qquad (6.25h)$$

S_9 单元的概率转移矩阵为

$$P_9 = P_{mor} \otimes P_{MAJ-3} \otimes P_{mand} \qquad (6.25i)$$

S_{10} 单元的概率转移矩阵为 $P_{10} = P_{MAJ-3}$，整体概率转移矩阵为

$$P = P_1 \cdot P_2 \cdot P_3 \cdot P_4 \cdot P_5 \cdot P_6 \cdot P_7 \cdot P_8 \cdot P_9 \cdot P_{10} \qquad (6.25j)$$

做出整体正确概率随各组成元件正确概率变化曲线如图 6.15 所示。

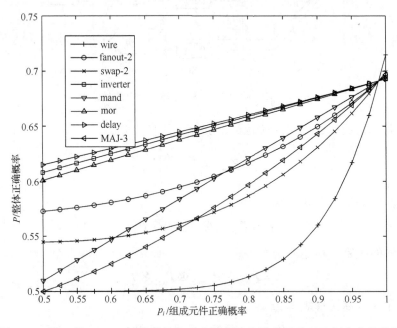

图 6.15 另一种 QCA D 触发器整体正确概率随各组成元件正确概率变化曲线

从图 6.15 所示的 D 触发器整体正确概率随各组成元件正确概率变化曲线中可以看出，延迟线、反相器、或门对整体正确概率的影响较大，且其正确概率与整体正确概率近似为线性关系。当组成元件正确概率较小时（$0.5 \leqslant p_i \leqslant 0.75$），2-扇出线、2-交叉线、与门、择多逻辑门、传输线对整体正确概率依次减小。当组成元件正确概率较大时（$0.75 \leqslant p_i \leqslant 1.0$），与门、2-扇出线、择多逻辑门、2-交叉线、传输线对整体正确概率依次减小。在整个参数变化范围内，与门和择多逻辑门正确概率和整体正确概率之间近似为线性关系。

6.3.3　QCA JK 触发器

文献[19]中设计的 QCA JK 触发器如图 6.16 所示，其等效电路结构如图 6.17 所示。

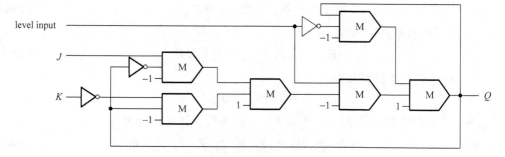

图 6.16　QCA JK 触发器电路结构图

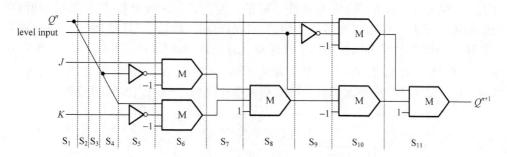

图 6.17　QCA JK 触发器等效电路结构图

S_1 单元的概率转移矩阵为

$$P_1 = P_{\text{fanout-2}} \otimes P_{\text{wire}} \otimes P_{\text{wire}} \otimes P_{\text{wire}} \tag{6.26a}$$

S_2 单元的概率转移矩阵为

$$P_2 = P_{\text{wire}} \otimes P_{\text{swap-2}} \otimes P_{\text{wire}} \otimes P_{\text{wire}} \tag{6.26b}$$

S_3 单元的概率转移矩阵为

$$P_3 = P_{\text{wire}} \otimes P_{\text{wire}} \otimes P_{\text{swap-2}} \otimes P_{\text{wire}} \tag{6.26c}$$

S_4 单元的概率转移矩阵为

$$P_4 = P_{\text{wire}} \otimes P_{\text{wire}} \otimes P_{\text{wire}} \otimes P_{\text{fanout-2}} \otimes P_{\text{wire}} \tag{6.26d}$$

S_5 单元的概率转移矩阵为

$$P_5 = P_{\text{wire}} \otimes P_{\text{wire}} \otimes P_{\text{wire}} \otimes P_{\text{inverter}} \otimes P_{\text{wire}} \otimes P_{\text{inverter}} \tag{6.26e}$$

S_6 单元的概率转移矩阵为

$$P_6 = P_{\text{wire}} \otimes P_{\text{wire}} \otimes P_{\text{mand}} \otimes P_{\text{mand}} \tag{6.26f}$$

S_7 单元的概率转移矩阵为

$$P_7 = P_{\text{wire}} \otimes P_{\text{wire}} \otimes P_{\text{wire}} \otimes P_{\text{wire}} \tag{6.26g}$$

S_8 单元的概率转移矩阵为

$$P_8 = P_{\text{wire}} \otimes P_{\text{fanout-2}} \otimes P_{\text{mor}} \tag{6.26h}$$

S_9 单元的概率转移矩阵为

$$P_9 = P_{\text{wire}} \otimes P_{\text{inverter}} \otimes P_{\text{wire}} \otimes P_{\text{wire}} \tag{6.26i}$$

S_{10} 单元的概率转移矩阵为

$$P_{10} = P_{\text{mand}} \otimes P_{\text{mand}} \tag{6.26j}$$

S_{11} 单元的概率转移矩阵为 $P_{11} = P_{\text{mor}}$，整体概率转移矩阵为

$$P = P_1 \cdot P_2 \cdot P_3 \cdot P_4 \cdot P_5 \cdot P_6 \cdot P_7 \cdot P_8 \cdot P_9 \cdot P_{10} \cdot P_{11} \tag{6.26k}$$

从该 JK 触发器的整体正确概率随组成元件正确概率变化曲线(图 6.18)中可以看出，2-交叉线、反相器、2-扇出线、或门、与门、传输线对整体正确输出的概率的影响依次减小，且 2-交叉线、反相器、2-扇出线、或门、与门组成元件正确概率与整体正确概率近似为线性关系。在组成元件正确概率较小($0.5 \leqslant p_i \leqslant 0.8$)时，传输线对整体正确输出概率基本上没有什么影响，而当传输线正确概率较大($0.8 \leqslant p_i \leqslant 1.0$)时，整体正确概率随着传输线正确概率的增大而急剧增加。

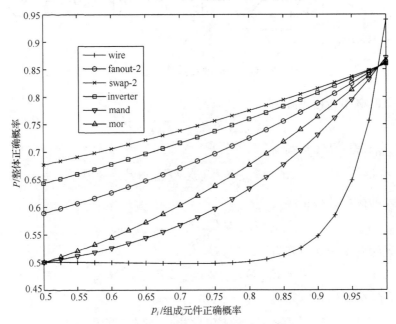

图 6.18　QCA JK 触发器整体正确概率随各组成元件正确概率变化曲线

6.4　QCA 容错电路实现

所谓容错(Fault Tolerance)是指在故障存在的情况下电路系统不失效，仍然能够正常工作的特性[20]。容错更确切地说是容故障(Fault)，而并非容错误(Error)。

目前，它已经成为一种成熟的技术，并在许多实际的电路中得到应用，例如，在双机容错系统中，一台机器出现问题时，另一台机器可以取而代之，从而保证系统的正常运行。在早期计算机硬件不是特别可靠的情况下，这种情形比较常见。现在的硬件虽然较之从前稳定可靠得多，但是对于那些不允许出错的系统，硬件容错仍然是十分重要的途径。

　　容错技术主要依靠冗余设计来实现，以增加资源的办法来换取可靠性。根据资源的不同，容错技术主要分为硬件容错、软件容错、时间容错和信息容错，其中 QCA 容错就属于硬件容错，它是以增加元胞为代价，来换取系统稳定性的。因此，在设计 QCA 电路时，应当注意可靠性与增加元胞之间的权衡和折中[21]。

6.4.1　块结构容错概念

　　Fijany 和 Toomarian 于 2001 年将冗余技术应用到 QCA 电路中，并提出一种具有容错能力的块结构择多逻辑门[22]，如图 6.19 所示。其中图 6.19(a) 所示的块结构择多逻辑门是由 32 个元胞通过 9×6 阵列有序排列组成的，在结构上属于单输入单输出，而图 6.19(b) 所示的块择多逻辑门在结构上是属于三输入三输出的，其容错能力强于单输入单输出的块择多逻辑门。

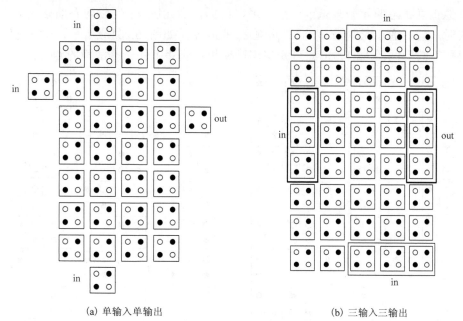

　　　　　　(a) 单输入单输出　　　　　　　　　　　　　(b) 三输入三输出

图 6.19　块结构择多逻辑门

　　通过对块结构择多逻辑门的容错性分析可知，层叠的阵列元胞对 QCA 逻辑门提供了冗余结构，使其能够在少许元胞出现位移缺陷及未对准缺陷的情况下，依然正常工作，由此可见，Fijany 等设计的块结构择多逻辑门能够大大提高 QCA 电路的可靠性。

6.4.2　容错反相器的设计

反相器是 QCA 电路的重要组成部分，它的容错性直接影响 QCA 电路的整体可靠性，因此，设计一个具有容错能力的反相器尤为重要，它能够保证元胞在出现故障时，依然正常工作。而设计容错反相器最简单的方法是引入冗余结构到 QCA 的设计中，但是冗余结构其实是很难实现的，因为它要求输入信号分离到每一个冗余模块中，并需要将所有模块的输出结果合成到一个单一的输出上，然而庆幸的是 QCA 在本质上支持冗余结构(例如，当 QCA 元胞表现为择多逻辑门时，其就能简单地将结果合成到一个单一输出上)。因此本节基于 Fijany 和 Toomarian 块结构择多逻辑门的设计思想，提出了容错反相器，如图 6.20(a)所示。它有 8 个可能的输入元胞(i_1, i_2, i_3, i_4, i_5, i_6, i_7, i_8)和 8 个可能的输出元胞(f_1, f_2, f_3, f_4, f_5, f_6, f_7, f_8)，其中当元胞 i_1 作为输入，元胞 f_8 作为输出时，仿真结果如图 6.21 所示。结果表明，元胞 i_1 的输入极化率相反于元胞 f_8 的输出极化率，即该容错反相器实现了正常的逻辑功能，其容错过程同块结构择多逻辑门一样，是通过综合邻近元胞状态形成一个单一的输出，即通过其他正确状态的元胞来抵消一些故障，例如，当元胞 c_1 发生向右偏移或元胞 c_2 缺失时，就可通过元胞 c_3 来抵消元胞 c_1 的故障，如图 6.20(b)所示，相应地输入/输出仿真波形同图 6.21，由此可知该容错反相器能够工作于有故障的 QCA 电路中。

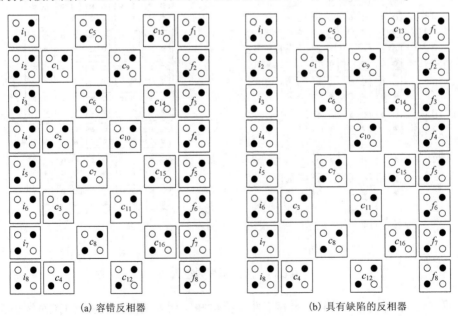

(a) 容错反相器　　　　　　　　　　　　　　(b) 具有缺陷的反相器

图 6.20　QCA 反相器

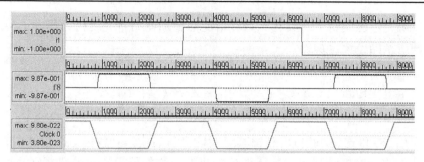

图 6.21　输入元胞为 i_1，输出元胞为 f_8 的仿真波形图

同理可得其他不同位置元胞的输出极化率，如表 6.5 所示。

表 6.5　不同位置的元胞输出极化率

输入 ＼ 输出		输出元胞							
		f_1	f_2	f_3	f_4	f_5	f_6	f_7	f_8
输入元胞	i_1	0.987	0.980	0.994	0.981	0.994	0.981	0.994	0.929
	i_2	0.987	0.980	0.994	0.981	0.994	0.981	0.994	0.929
	i_3	0.987	0.980	0.994	0.981	0.994	0.981	0.994	0.929
	i_4	0.987	0.980	0.994	0.981	0.994	0.981	0.994	0.929
	i_5	0.987	0.980	0.994	0.981	0.994	0.981	0.994	0.929
	i_6	0.987	0.980	0.994	0.981	0.994	0.981	0.994	0.929
	i_7	0.987	0.980	0.994	0.981	0.994	0.981	0.994	0.929
	i_8	0.987	0.980	0.994	0.981	0.994	0.981	0.994	0.929

从表 6.5 可以看出，该容错反相器的输入元胞位置的选取对输出结果没有任何影响，是因为这 8 个不同位置的元胞作为输入时其输出元胞极化率十分接近，导致用 QCADesigner 软件无法仿真出很详细的结果。而该反相器的最佳输出位于元胞 f_3、元胞 f_5 或元胞 f_7，因为这三个位置的输出元胞具有最强的极化率。

通过以上分析可知，新设计的容错反相器具有以下几个优点：①强大的容错能力，可以同时容许 3 个以上的故障；②允许输入和输出间数据的多路径传输，如输入 i_1 到输出 f_1 的数据就可通过 i_1-i_2-c_1-c_5-c_9-c_{13}-f_1 或 i_1-i_2-c_1-c_6-c_{10}-c_{14}-f_3-f_2-f_1 等路径来传输；③结构对称，模块性强，适于大规模设计；④输入与输出方式多样性。

6.4.3　容错全加器的设计

全加器是数字电路的基本组成部分，也是设计复杂 QCA 电路时经常要用到的组件，例如，QCA 处理器的设计[23]，因此很多学者都对 QCA 全加器的电路结构进行了深入研究，但是目前对具有一定容错能力全加器的研究就相对甚少，从而本节提出一种新型的一位全加器。

一位全加器的逻辑表达式如下：

$$\text{Sum} = A \cdot B \cdot C_{\text{in}} + \overline{A} \cdot \overline{B} \cdot C_{\text{in}} + \overline{A} \cdot B \cdot \overline{C_{\text{in}}} + A \cdot \overline{B} \cdot \overline{C_{\text{in}}} \tag{6.27}$$

$$C_{\text{out}} = A \cdot B + A \cdot C_{\text{in}} + B \cdot C_{\text{in}} = m(A, B, C_{\text{in}}) \tag{6.28}$$

由式(6.27)和式(6.28)可以列出其对应的真值表。从真值表 6.6 可见，若 A、B 为两个输入的一位二进制数，C_{in} 为低位二进制数相加的进位输出到本位的输入，则 Sum 为本位二进制数 A、B 和低位进位输入 C_{in} 的相加之和，C_{out} 为 A、B 和 C_{in} 相加向高位的进位输出。

表 6.6　全加器真值表

C_{in}	A	B	C_{out}	Sum
0	0	0	0	0
0	0	1	0	1
0	1	0	0	1
0	1	1	1	0
1	0	0	0	1
1	0	1	1	0
1	1	0	1	0
1	1	1	1	1

由式(6.28)推出：

$$\overline{C_{\text{out}}} = \overline{A} \cdot \overline{B} + \overline{A} \cdot \overline{C_{\text{in}}} + \overline{B} \cdot \overline{C_{\text{in}}} = m(\overline{A}, \overline{B}, \overline{C_{\text{in}}}) \tag{6.29}$$

通过对式(6.27)重新化简可得

$$\begin{aligned}
\text{Sum} &= A \cdot B \cdot C_{\text{in}} + \overline{A} \cdot \overline{B} \cdot C_{\text{in}} + \overline{A} \cdot B \cdot \overline{C_{\text{in}}} + A \cdot \overline{B} \cdot \overline{C_{\text{in}}} \\
&= (A \cdot B + \overline{A} \cdot \overline{B})C_{\text{in}} + (\overline{A} \cdot B \cdot \overline{C_{\text{in}}} + A \cdot \overline{B} \cdot \overline{C_{\text{in}}}) \\
&= [(\overline{A} \cdot \overline{B} + \overline{A} \cdot \overline{C_{\text{in}}} + \overline{B} \cdot \overline{C_{\text{in}}}) + (A \cdot B + A \cdot \overline{C_{\text{in}}} + B \cdot \overline{C_{\text{in}}})]C_{\text{in}} + (\overline{A} \cdot B \cdot \overline{C_{\text{in}}} + A \cdot \overline{B} \cdot \overline{C_{\text{in}}}) \\
&= (\overline{A} \cdot \overline{B} + \overline{A} \cdot \overline{C_{\text{in}}} + \overline{B} \cdot \overline{C_{\text{in}}})C_{\text{in}} + (A \cdot B + A \cdot \overline{C_{\text{in}}} + B \cdot \overline{C_{\text{in}}})C_{\text{in}} + (\overline{A} \cdot B \cdot \overline{C_{\text{in}}} + A \cdot \overline{B} \cdot \overline{C_{\text{in}}}) \\
&= (\overline{A} \cdot \overline{B} + \overline{A} \cdot \overline{C_{\text{in}}} + \overline{B} \cdot \overline{C_{\text{in}}})C_{\text{in}} + C_{\text{in}} + (\overline{A} \cdot \overline{C_{\text{in}}} + \overline{B} \cdot \overline{C_{\text{in}}})(A \cdot \overline{C_{\text{in}}} + B \cdot \overline{C_{\text{in}}}) \\
&= (\overline{A} \cdot \overline{B} + \overline{A} \cdot \overline{C_{\text{in}}} + \overline{B} \cdot \overline{C_{\text{in}}})C_{\text{in}} + (A \cdot B + A \cdot \overline{C_{\text{in}}} + B \cdot \overline{C_{\text{in}}})C_{\text{in}} \\
&\quad + (\overline{A} \cdot \overline{B} + \overline{A} \cdot \overline{C_{\text{in}}} + \overline{B} \cdot \overline{C_{\text{in}}})(A \cdot B + A \cdot \overline{C_{\text{in}}} + B \cdot \overline{C_{\text{in}}}) \\
&= m(\overline{A}, \overline{B}, \overline{C_{\text{in}}}) \cdot C_{\text{in}} + m(A, B, \overline{C_{\text{in}}}) \cdot C_{\text{in}} + m(\overline{A}, \overline{B}, \overline{C_{\text{in}}}) \cdot m(A, B, \overline{C_{\text{in}}}) \\
&= m(m(\overline{A}, \overline{B}, \overline{C_{\text{in}}}), C_{\text{in}}, m(A, B, \overline{C_{\text{in}}})) \\
&= m(\overline{C_{\text{out}}}, C_{\text{in}}, m(A, B, \overline{C_{\text{in}}})) \tag{6.30}
\end{aligned}$$

根据 Wauls 等设计的全加器[24]，结合式 (6.30)，并将冗余技术引入新型全加器中，设计出容错全加器，电路结构如图 6.22 所示，对应的 QCADesigner 仿真结果如图 6.23 所示。

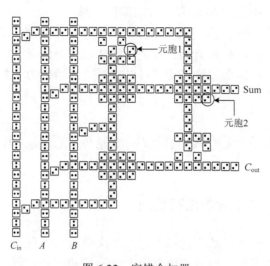

图 6.22　容错全加器

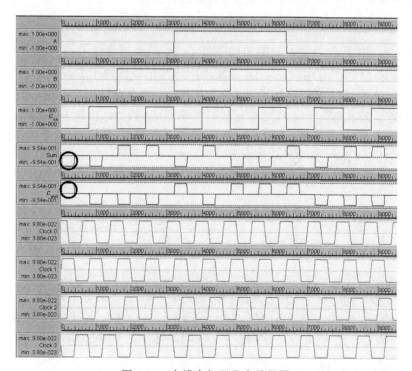

图 6.23　容错全加器仿真结果图

从图 6.22 可以看出，该容错全加器在结构上包含 3 个 6×5 阵列的容错择多逻辑门和 2 个 4×4 阵列的容错反相器，输入线上包含 4 次导线交叉；在时钟方面采用四个时钟区域来控制数据流的传输，从而它在输出波形上将产生一个时钟周期的延迟，即图 6.23 中圆圈部分不属于 Sum 和 C_{out} 的输出波形。

由图 6.23 的仿真结果分析得出，该容错全加器完全实现了其逻辑功能，并具有一定的容错能力，例如，在元胞 1 丢失、元胞 2 偏移等情况下，都依然能够正常运行，因此，所提出的容错全加器结构将对以后具有容错能力的复杂电路设计奠定基础，具有一定的借鉴意义。

6.5　QCA 电路背景电荷效应影响

6.5.1　四点 QCA 电路背景电荷效应

本节首先介绍双量子阱系统基本理论，其次重点阐述双量子阱系统概率模型的建立和各相关参数的求解。该概率模型用于传输线和择多逻辑门背景电荷研究，可计算出传输线和择多逻辑门的输出元胞处于四种状态的概率[25]。

1. QCA 元胞及其仿真模型

如图 6.24 (a) 所示，QCA 元胞由四个量子点、两个隧穿结和两个隧道构成[25]，两电容分别位于 D_1 与 D_2、D_3 与 D_4 之间，两隧穿结分别位于 D_1 与 D_3、D_2 与 D_4 之间，电子在 D_1 与 D_3、D_2 与 D_4 之间隧穿。元胞尺寸为 20nm，元胞间距为 40nm，量子阱直径为 5nm。基于此，QCA 元胞可以演化成图 6.24 (b) 所示结构[26]，即由 D_1 与 D_3 构成左双量子阱系统，D_2 与 D_4 构成右双量子阱系统，左双量子阱系统和右双量子阱系统共同构成一个 QCA 元胞。

一个孤立的 QCA 元胞可以用其哈密尔顿量来描述[27]：

$$H_0^{cell} = \sum_{i,\delta} E_{0,i} n_{i,\delta} + \sum_{i,\delta} t(a_{i,\delta}^+ a_{0,\delta} + a_{i,\delta}^+ a_{i,\delta}) + \sum_i E_Q n_{i,\uparrow} n_{i,\downarrow} + \sum_{i>j,\delta,\delta'} V_Q \frac{n_{i,\delta} n_{j,\delta}}{|R_{ij}|} \quad (6.31)$$

其中，$a_{i,\sigma}^+(a_{i,\sigma})$ 是量子点 i ($i = 1,2,3,4$) 上的产生 (湮灭) 算符，δ 代表自旋方向。$n_{i,\delta}$ 为对应量子点 i 上自旋为 δ 的粒子数算符。第一项描述元胞的单点能，$E_{0,i}$ 代表第 i 个量子点上的单点能；第二项描述元胞内两临近量子点之间的电子隧穿，t 为隧穿能；第三项是哈伯德能，电子间的库仑势能用 E_Q 来表示；最后一项描述元胞内不同量子点间的库仑势能，R_{ij} 为量子点 i 到量子点 j 的距离，V_Q 代表元胞内两电子间的库仑排斥强度，$V_Q = e^2 / (4\pi\varepsilon_0\varepsilon_r)$。

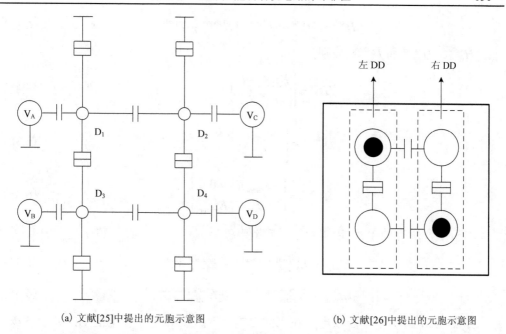

(a) 文献[25]中提出的元胞示意图　　　　　　　(b) 文献[26]中提出的元胞示意图

图 6.24　QCA 元胞

2.　QCA 元胞的双量子阱系统概率模型

如图 6.25 所示，非孤立目标元胞受到驱动元胞和背景电荷的影响。假设驱动元胞对目标元胞的哈密尔顿量贡献为 H^{driver}，背景电荷对目标元胞贡献为 H^{charge}，目标元胞左 DD 的哈密尔顿量为

$$H^{\text{cell}} = H_0^{\text{cell}} + H^{\text{driver}} + H^{\text{charge}} \tag{6.32}$$

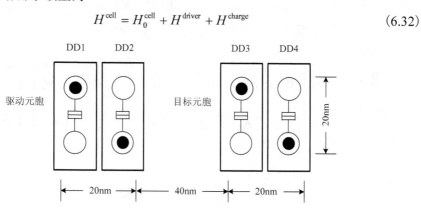

图 6.25　驱动元胞、目标元胞和背景电荷构成的封闭系统

设目标元胞左 DD 对右 DD 的哈密尔顿量贡献为 $H^{\text{left DD}}$，目标元胞右 DD 的哈密尔顿量为

$$H^{\text{cell}} = H_0^{\text{cell}} + H^{\text{driver}} + H^{\text{charge}} + H^{\text{left DD}} \tag{6.33}$$

H_0^{cell}、H^{driver} 和 H^{charge} 分别为

$$H_0^{\text{cell}} = \begin{bmatrix} E_{0,1} & -t \\ -t & E_{0,2} \end{bmatrix} \tag{6.34}$$

$$H^{\text{driver}} = \begin{bmatrix} -E_{\text{driver}} & 0 \\ 0 & E_{\text{driver}} \end{bmatrix} \tag{6.35}$$

$$H^{\text{charge}} = \begin{bmatrix} -E_{\text{charge}} & 0 \\ 0 & E_{\text{charge}} \end{bmatrix} \tag{6.36}$$

本节中，所有的单点能均取同一能量值 E_0，$E_{0,i} = E_0$，E_{driver} 和 E_{charge} 为

$$E_{\text{driver}} = E_{\text{driver}}^{\text{opposite polarization}} - E_{\text{driver}}^{\text{same polarization}} \tag{6.37}$$

$$E_{\text{charge}} = E_{\text{charge}}^{\text{opposite polarization}} - E_{\text{charge}}^{\text{same polarization}} \tag{6.38}$$

如图 6.26(a) 所示，若设电子在上的 DD 处于态 Φ_0，电子在下的 DD 处于态 Φ_1，则一个元胞可能的态分别为 "0"，"1"，"X_0"，"X_1"（图 6.26(b)）。式 (6.37) 与式 (6.38) 中，$E_{\text{driver}}^{\text{opposite polarization}}$ 是驱动元胞和处于预期态 Φ_1 的左 DD 电子之间的库仑势能，$E_{\text{driver}}^{\text{same polarization}}$ 代表驱动元胞和处于非预期态 Φ_0 的左 DD 电子之间的库仑势能。

$$E_{\text{driver}}^{\text{polarization}} = \frac{1}{4\pi\varepsilon_0\varepsilon_r} \sum_i^N \sum_j^2 \frac{q_i q_j}{d_{ij}}, \quad N=4 \text{ or } 6 \tag{6.39}$$

其中，研究对象为左 DD 时 N 取 4，为右 DD 时 N 取 6。$q_i(q_j)$ 指量子点 $i(j)$ 上的电荷量，d_{ij} 指两量子点之间的距离，ε_r 是相对介电常数。

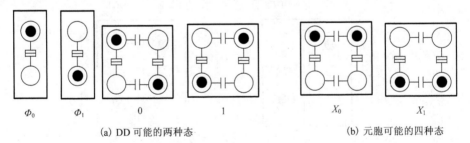

Φ_0　　Φ_1　　　　　0　　　　　　1　　　　　　X_0　　　　　X_1

(a) DD 可能的两种态　　　　　　　　　　(b) 元胞可能的四种态

图 6.26　概率模型中的态

对于背景电荷贡献的哈密尔顿量，同理可得

$$E_{\text{charge}}^{\text{polarization}} = \frac{e}{4\pi\varepsilon_0\varepsilon_r} \sum_j^2 \frac{q_j}{d_j} \tag{6.40}$$

d_j 代表背景电荷与目标 DD 中电子之间的距离。建立所研究系统的时不变薛定谔方程，即可求出目标元胞的态 $|\Im_i\rangle$，

$$H^{\mathrm{cell}}|\Im_i\rangle = E_i|\Im_i\rangle, \quad i = 0 \text{ 或 } 1 \tag{6.41}$$

$|\Im_i\rangle$ 中，对应能量较低的态即系统的基态 $|\Im_0\rangle$，$|\Im_0\rangle$ 可分解成

$$|\Im_0\rangle = \alpha*|\phi_1\rangle + \beta*|\phi_2\rangle \tag{6.42}$$

$|\phi_1\rangle, |\phi_2\rangle$ 分别对应 Φ_0 与 Φ_1，可写作

$$|\phi_1\rangle = |0\ 1\rangle \tag{6.43}$$

$$|\phi_2\rangle = |1\ 0\rangle \tag{6.44}$$

同理可求出左 DD 处于 Φ_0 时，右 DD 基态的系数 α_2, β_2，及左 DD 处于 Φ_1 时，右 DD 基态的系数 α_2', β_2'。$\alpha_1^2, \beta_1^2, \alpha_2^2, \beta_2^2, \alpha_2'^2$ 和 $\beta_2'^2$ 为各 DD 处于各态的概率

$$\alpha_1^2 = P\{\mathrm{DD}_{\mathrm{left}} = \Phi_0\} \tag{6.45}$$

$$\beta_1^2 = P\{\mathrm{DD}_{\mathrm{left}} = \Phi_1\} \tag{6.46}$$

$$\alpha_2^2 = P\{\mathrm{DD}_{\mathrm{right}} = \Phi_0 \,|\, \mathrm{DD}_{\mathrm{left}} = \Phi_0\} \tag{6.47}$$

$$\beta_2^2 = P\{\mathrm{DD}_{\mathrm{right}} = \Phi_1 \,|\, \mathrm{DD}_{\mathrm{left}} = \Phi_0\} \tag{6.48}$$

$$\alpha_2'^2 = P\{\mathrm{DD}_{\mathrm{right}} = \Phi_0 \,|\, \mathrm{DD}_{\mathrm{left}} = \Phi_1\} \tag{6.49}$$

$$\beta_2'^2 = P\{\mathrm{DD}_{\mathrm{right}} = \Phi_1 \,|\, \mathrm{DD}_{\mathrm{left}} = \Phi_1\} \tag{6.50}$$

设目标元胞为 C，则目标元胞处于四种态的概率为

$$P\{C = 0\} = \alpha_1^2 * \beta_2^2 \tag{6.51}$$

$$P\{C = 1\} = \beta_1^2 * \alpha_2'^2 \tag{6.52}$$

$$P\{C = X_0\} = \alpha_1^2 * \alpha_2^2 \tag{6.53}$$

$$P\{C = X_1\} = \beta_1^2 * \beta_2'^2 \tag{6.54}$$

四种概率满足

$$P\{C = 0\} + P\{C = 1\} + P\{C = X_0\} + P\{C = X_1\} = 1 \tag{6.55}$$

3. QCA 传输线背景电荷影响研究

由两个元胞构成的传输线的结构如图 6.27(a) 所示，其中输入元胞固定在逻辑状态 "1"，背景电荷位于目标元胞上方阴影区域内(图 6.27(b))。背景电荷距离量子点 D_1, D_2, D_3 和 D_4 的距离为 d_1, d_2, d_3 和 d_4。采用 MATLAB 分别绘制输入元胞处于 "1"

态或"0"态时，目标元胞正确翻转概率随背景电荷位置变化的曲线。仿真过程中，元胞尺寸为 20nm，元胞间距为 40nm，单点能 $E_0 = -4\text{meV}$，隧穿能 $t = 0.3\text{meV}$，相对介电常数 $\varepsilon = 10$。

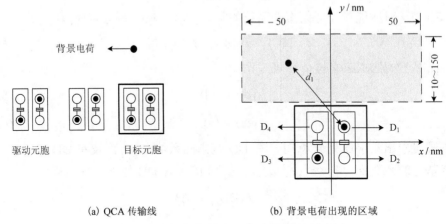

(a) QCA 传输线　　　　　　　　　　　(b) 背景电荷出现的区域

图 6.27　背景电荷对 QCA 传输线影响示意图

图 6.28 中可以得出输入为"1"背景电荷处于目标元胞上方时，目标元胞将以较高概率处于"1"（图 6.28 (a)）或"X_1"（图 6.28 (d)），"0"和"X_1"出现的概率低于 5%，背景电荷对传输线的影响随着自身与传输线距离的增加逐渐减小。当背景电荷位于区域 $\text{D}(-5\text{nm} < x < 25\text{nm}，10\text{nm} < y < 60\text{nm})$ 时，背景电荷对目标元胞的电子的库仑斥力足够大，使目标元胞左 DD 和右 DD 均处于"Φ_1"态，从而使目标元胞处于"X_1"态(概率接近 100%)；当背景电荷位于区域 D 外时，背景电荷依旧促使左 DD 处于"Φ_1"态，但背景电荷与传输线的距离增大，背景电荷与右 DD 中电子的库仑斥力小于目标元胞内部电子之间的库仑斥力，从而使目标元胞处于"1"态的概率增大(接近 96%)。

图 6.29 表明在传输线输入元胞状态固定在"0"状态下，根据背景电荷位置的不同，目标元胞将分别以高于 75%的概率处在"1"态、"0"态或者"X_1"态。在区域 $\text{A}(-5\text{nm} < x < 25\text{nm}，10\text{nm} < y < 60\text{nm})$ 内，背景电荷的存在使目标元胞以高于 75%的概率处于"1"态或者"X_1"态；图 4.9 (d)在区域 $\text{A}_1(-5\text{nm} < x < 25\text{nm}，10\text{nm} < y < 25\text{nm})$ 内，目标元胞处于"X_1"态的概率接近 100%；图 6.29 (a)表明，在区域 A 内的其他区域内，目标元胞处于"1"态的概率在 75%以上，且概率大小随着背景电荷远离传输线而逐渐降低。这是由于在区域 A_1 内，背景电荷的存在将使目标元胞处于"X_1"态时能量最低；而在区域 A 内的其他区域内，背景电荷使目标元胞左 DD 处于"Φ_1"态，背景电荷与传输线距离的增大使得背景电荷对右 DD 电子的库仑斥力弱于左 DD 中电子对右 DD 电子的库仑斥力，从而使目标元胞处于"1"。背景电荷与传输线距离的进一步增加，使得背景电荷的作用足够微弱，以致可以忽略。

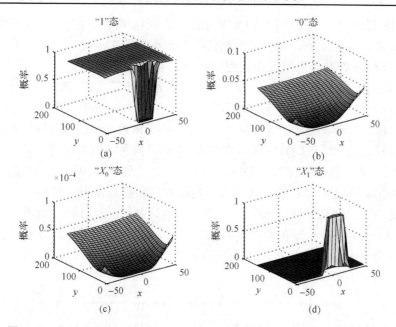

图 6.28　背景电荷在传输线上方、输入为"1"时目标元胞处于各态的概率

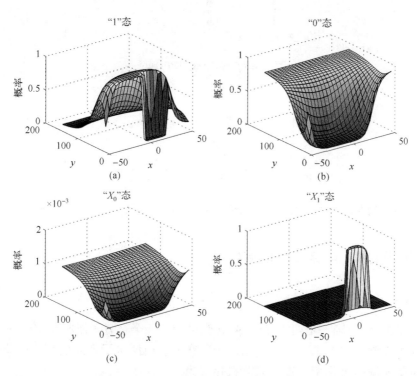

图 6.29　背景电荷在传输线上方、输入为"0"时目标元胞处于各态的概率

文献[28]指出，对于已实现的QCA元胞，在极化率绝对值低于0.5时将导致信息传输的失败。可以证明，元胞正确翻转的概率不低于75%时，极化率绝对值将不低于0.5，故可将75%作为信息在元胞中能否正确传输的阈值。

图6.30给出QCA传输线输入为"1"，目标元胞处于"1"态概率低于75%时，背景电荷所在的区域。图中表明，输入为"1"、背景电荷处于传输线上方时，背景电荷引起目标元胞错误翻转的区域仅30nm宽，小于背景电荷处在传输线下方时，背景电荷引起目标元胞错误翻转的区域宽度为93nm。两种区域宽度的差异原因在于，输入状态"1"态，使目标元胞左DD处在"X_1"态，处于传输线上方的背景电荷对此起促进作用，而处于传输线下方的背景电荷对此起阻碍作用。另外可以证明，输入为"0"态时，背景电荷处于传输线上方时，背景电荷引起目标元胞错误翻转的区域宽度为93nm，而背景电荷处在传输线下方时，背景电荷引起目标元胞错误翻转的区域宽度为30nm。综上可知，QCA传输线周围186nm宽的区域内存在背景电荷，将引起目标元胞的错误翻转。

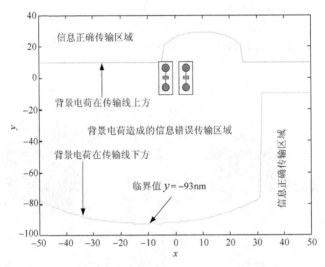

图6.30　输入为"1"背景电荷存在时传输线正确传输区域与错误传输区域分界线

6.5.2　两点QCA电路背景电荷效应

1. 两点EQCA元胞仿真模型

如图6.31所示，一个两点EQCA元胞可看作一个双量子阱模型[29]，两个量子阱分别代表元胞两端的量子点，自由电子可在元胞内两量子点间隧穿，电荷密度的分布决定了元胞的极化率，定义元胞极化率为

$$P = \frac{\rho_1 - \rho_2}{\rho_1 + \rho_2} \tag{6.56}$$

其中，ρ_i 为量子点 i 上的电荷密度，元胞极化率为"+1"和"–1"时分别代表逻辑值"1"和"0"。电子处于上方量子点 1 时代表逻辑值"1"，电子处于下方量子点 2 时代表逻辑值"0"。

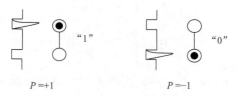

$$P = +1 \qquad\qquad\qquad P = -1$$

图 6.31　两点 QCA 元胞的逻辑表示

一个孤立的两点 EQCA 元胞可通过其哈密尔顿量来描述[27]：

$$H_0^{\text{cell}} = \sum_{i,\delta} E_{0,i} n_{i,\delta} + \sum_{i,\delta} t(a_{i,\delta}^+ a_{0,\delta} + a_{0,\delta}^+ a_{i,\delta}) + \sum_i E_Q n_{i,\uparrow} n_{i,\downarrow} + \sum_{i>j,\delta,\delta'} V_Q \frac{n_{i,\delta} n_{j,\delta}}{|R_{ij}|} \tag{6.57}$$

这里 $a_{i,\delta}^+$ 和 $a_{i,\delta}$ 分别代表量子点 $i(i=1,2)$ 上的产生和湮灭算符，δ 表示量子的自旋方向，$n_{i,\delta}$ 为量子点 i 上的粒子数算符。式 (6.57) 等号右边第一项描述的是元胞的单点能，$E_{0,i}$ 表示量子点 i 上的单点能；第二项描述了电子在元胞内两量子点间的隧穿，t 表示隧穿能；第三项为哈伯德能，E_Q 表示电子间的库仑势能；最后一项表示元胞内两量子点之间的库仑势能，R_{ij} 为两量子点 i、j 之间的距离，$V_Q = e^2 / (4\pi\varepsilon_0\varepsilon_r)$，表示两电子间的库仑作用[27]。

2. 两点 EQCA 元胞的输出状态概率模型

如图 6.32 所示，目标元胞 A 受驱动元胞 B 和背景电荷 C 的影响。设驱动元胞作用于目标元胞的哈密尔顿量为 H^B，背景电荷作用于目标元胞的哈密尔顿量为 H^C，则目标元胞的哈密尔顿量为

$$H^A = H_0^A + H^B + H^C \tag{6.58}$$

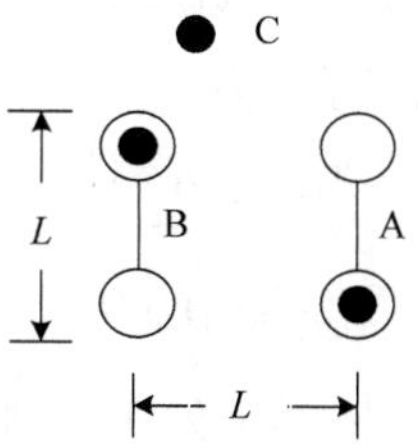

图 6.32　驱动元胞、目标元胞和背景电荷构成的系统

H_0^A，H^B 和 H^C 分别为

$$H_0^A = \begin{bmatrix} E_{0,1} & -t \\ -t & E_{0,2} \end{bmatrix} \tag{6.59}$$

$$H^B = \begin{bmatrix} -E_B & 0 \\ 0 & E_B \end{bmatrix} \tag{6.60}$$

$$H^C = \begin{bmatrix} -E_C & 0 \\ 0 & E_C \end{bmatrix} \tag{6.61}$$

式 (6.59) 中，$E_{0,i} = E_0$，E_B 和 E_C 分别为驱动元胞对目标元胞的库伦势能和背景电荷对目标元胞的库伦势能。

$$E_B = E_B^{\text{oppolarization}} - E_B^{\text{sapolarization}} \tag{6.62}$$

$$E_C = E_C^{\text{oppolarization}} - E_C^{\text{sapolarization}} \tag{6.63}$$

式中，$E^{\text{oppolarization}}$ 和 $E^{\text{sapolarization}}$ 分别表示处于预期态和处于非预期态的电子之间的库伦势能。

$$E_B^{\text{polarization}} = \frac{1}{4\pi\varepsilon_0\varepsilon_r} \sum_i^2 \sum_j^2 \frac{q_i q_j}{d_{ij}} \tag{6.64}$$

式中，q_i 为量子点 i 上的电荷量，d_{ij} 表示两量子点间的距离，ε_r 为相对介电常数。

同理，背景电荷作用于目标元胞的哈密尔顿量为

$$E_C^{\text{polarization}} = \frac{e}{4\pi\varepsilon_0\varepsilon_r} \sum_j^2 \frac{q_j}{d_j} \tag{6.65}$$

d_j 表示目标元胞中电子与背景电荷之间的距离。建立该系统的时不变薛定谔方程，求解目标元胞的态 $|\Im_i\rangle$：

$$H^{\text{cell}} |\Im_i\rangle = E_i |\Im_i\rangle, \quad i = 0 \text{ 或 } 1 \tag{6.66}$$

系统的基态 $|\Im_0\rangle$ 对应 $|\Im_i\rangle$ 中能量较低的态，$|\Im_0\rangle$ 可分解为

$$|\Im_0\rangle = c_1 * |\phi_1\rangle + c_2 * |\phi_2\rangle \tag{6.67}$$

$|\phi_1\rangle$，$|\phi_2\rangle$ 分别对应 "0" 与 "1"，可写为

$$|\phi_1\rangle = |0 \quad 1\rangle \tag{6.68}$$

$$|\phi_2\rangle = |1 \quad 0\rangle \tag{6.69}$$

假设目标元胞处于 α 态，则目标元胞处于两种状态的概率分别为

$$P\{\alpha = 0\} = c_1^2 \tag{6.70}$$

$$P\{\alpha = 1\} = c_2^2 \tag{6.71}$$

且两种概率满足

$$c_1^2 + c_2^2 = 1 \tag{6.72}$$

3. 背景电荷对水平传输线的影响

图 6.33 所示为背景电荷存在于水平传输线周围，并对水平传输线产生影响的示意图。输入元胞固定为逻辑状态 "0"，背景电荷处于水平传输线上方阴影区域内，其距离各量子点 D_1, D_2, D_3, D_4, D_5 和 D_6 的距离分别为 d_1, d_2, d_3, d_4, d_5 和 d_6。利用 MATLAB 软件针对不同位置的背景电荷对目标元胞正确输出概率影响的曲线进行绘制。仿真过程中，元胞尺寸和元胞间距均为 20nm，目标元胞的中心坐标为 $(x, y) = (10, 0)$，隧穿能 $t = 0.3\text{meV}$，单点能 $E_0 = -6.4\text{meV}$，相对介电常数 $\varepsilon = 10$。

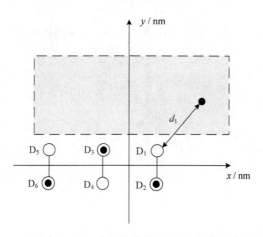

图 6.33　两点 EQCA 水平传输线受背景电荷影响示意图

图 6.34 所示为背景电荷对水平传输线的影响仿真结果[31]，从图中可以看出，当背景电荷位于 $x \in (-14, 7)$ 且 $y \in (3, 27)$ 区域或 $x \in (5, 35)$ 且 $y \in (-30, -2)$ 区域，目标元胞以接近或等于 1 的概率处于 "1" 态，此时水平传输线功能失效。当背景电荷处于上述区域以外时，输出元胞均能以接近或等于 1 的概率处于 "0" 态。

利用坐标轴对上述仿真结果进行分析，如图 6.35 所示，背景电荷位于两阴影部分区域时，它对水平传输线目标元胞的输出正确概率影响较大，甚至使得目标元胞以接近于 1 的概率处于与输入元胞相反的态。

当背景电荷位于上方的阴影区域时，其与驱动元胞和目标元胞之间的距离都比较近，一方面，背景电荷通过对驱动元胞的作用，使驱动元胞克服输入元胞的作用而以较大概率处于 "0" 态，继而影响目标元胞的输出；另一方面，背景电荷自身对目标元胞的影响也造成其输出的不稳定。

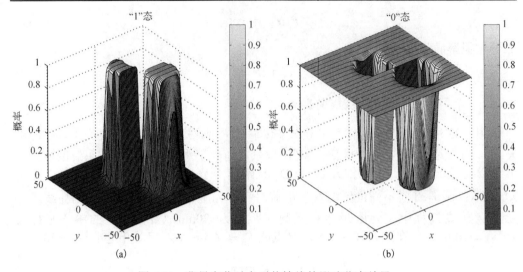

图 6.34 背景电荷对水平传输线的影响仿真结果

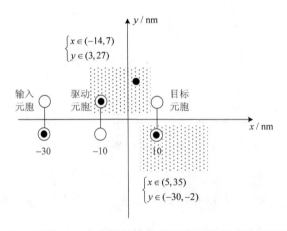

图 6.35 两点 EQCA 水平传输线受背景电荷影响坐标分析图

当背景电荷处于下方阴影区域时，随着它与驱动元胞之间距离的变远，它对驱动元胞的影响也逐渐减弱，相反，随着它与目标元胞之间距离的接近，它自身对目标元胞的影响已成为决定目标元胞输出的关键因素，在该阴影区域内背景电荷对目标元胞的作用大于驱动元胞对目标元胞的作用，因此，目标元胞以较大概率处于"1"态。

在阴影区域以外的其他区域，水平传输线的输出均为"0"，主要有两方面因素：其一，当背景电荷处于离目标元胞依然较近的非阴影区域时，其对目标元胞的影响依然显著，只是根据电子间相互作用规律，它对目标元胞的影响是促进元胞处于"0"态；其二，当背景电荷处于离目标元胞较远的非阴影区域时，其影响随着它与目标元胞的距离增加逐渐减弱，此时目标元胞作为传输线的一部分正常输出，即输出为"0"。

4. 背景电荷对水平反相器的影响

以两个元胞构成水平反相器为例，图 6.36 所示为背景电荷存在于水平反相器周围，并对水平反相器产生影响的示意图。输入元胞固定为逻辑状态 "0"，背景电荷处于水平反相器上方阴影区域内，其距离各量子点 D_1, D_2, D_3 和 D_4 的距离分别为 d_1, d_2, d_3 和 d_4。固定输入元胞为 "0" 态，利用 MATLAB 软件对水平反相器受背景电荷影响的曲线进行绘制。仿真过程中，元胞尺寸和元胞间距均为 20nm，目标元胞的中心坐标为 $(x, y) = (10, 0)$，隧穿能 $t = 0.3\text{meV}$，单点能 $E_0 = -6.4\text{meV}$，相对介电常数 $\varepsilon = 10$。

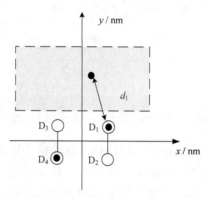

图 6.36　两点 EQCA 水平反相器受背景电荷影响示意图

图 6.37 所示为背景电荷对水平反相器的影响仿真结果，研究显示，当背景电荷位于 $x \in (-13, 14)$ 且 $y \in (5, 25)$ 区间时，目标元胞以接近或等于 0 的概率处于 "1" 态，此时水平反相器功能失效。当背景电荷处于上述区域以外时，输出元胞均能以接近或等于 1 的概率处于 "1" 态。

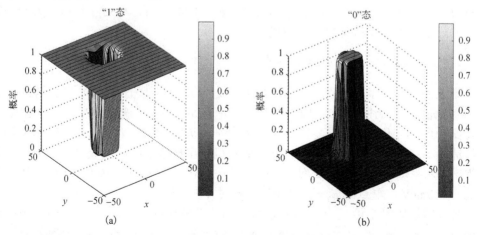

图 6.37　背景电荷对水平反相器的影响仿真结果

通过在坐标轴上显示背景电荷的影响区域,对上述仿真结果进行分析,如图 6.38 所示,背景电荷位于阴影部分区域时,它对水平反相器目标元胞的输出正确概率影响较大,甚至使得目标元胞以接近于 1 的概率处于"0"态。

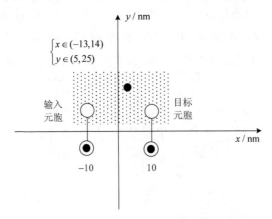

图 6.38　两点 EQCA 水平反相器受背景电荷影响坐标分析图

当背景电荷位于阴影区域时,其对目标元胞的影响随着它们之间距离的接近变得更加显著,甚至在一定区域超过了输入元胞对目标元胞的作用,因此,当背景电荷逐渐接近目标元胞过程中,其导致目标元胞错误输出的概率逐渐升高。而在阴影区域以外的其他区域,水平反相器的输出均为"1",这其中有两方面因素:其一是因为背景电荷远离目标元胞,其影响可忽略不计,目标元胞作为反相器的输出处于"1"态;其二是当背景电荷处于横坐标下方与阴影区域对称的区域时,根据电子间的相互作用规律,其对目标元胞的影响是促进目标元胞处于"1"态。

经计算发现,当信号沿水平方向传输时,背景电荷位于以传输线和反相器目标元胞为中心的 40nm 范围内,对目标元胞的输出影响显著,极易导致目标元胞的错误输出,影响传输线和反相器的功能。

5. 背景电荷对竖直传输线的影响研究

图 6.39 所示为背景电荷存在于竖直传输线周围,并对竖直传输线产生影响的示意图。输入元胞固定为逻辑状态"0",考虑背景电荷处于竖直传输线两侧阴影区域内,其距离各量子点 D_1, D_2, D_3, D_4, D_5 和 D_6 的距离分别为 d_1, d_2, d_3, d_4, d_5 和 d_6。利用 MATLAB 软件针对不同位置的背景电荷对目标元胞正确输出概率影响的曲线进行绘制。仿真过程中,元胞尺寸和元胞间距均为 20nm,目标元胞的中心坐标为 $(x, y) = (10, 0)$,隧穿能 $t = 0.3\text{meV}$,单点能 $E_0 = -6.4\text{meV}$,相对介电常数 $\varepsilon = 10$。

仿真结果如图 6.40 所示[31]。研究表明,当背景电荷位于 $x \in (0, 20)$ 且 $y \in (-30, -5)$ 区域时,目标元胞以大于 50% 的概率处于"1"态,此时竖直传输线功能失效。而当背景电荷处于上述区域以外时，输出元胞均能以接近或等于 1 的概率处于"0"态，此时背景电荷对竖直传输线的影响几乎可以忽略。

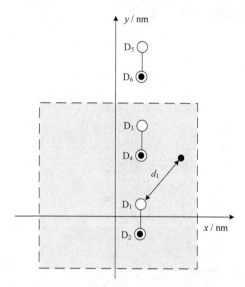

图 6.39　两点 EQCA 竖直传输线受背景电荷影响示意图

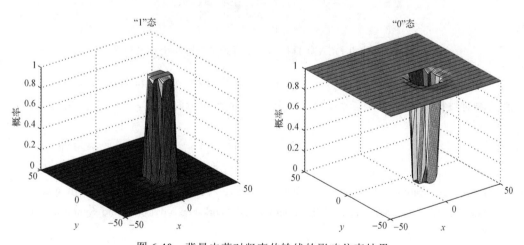

图 6.40　背景电荷对竖直传输线的影响仿真结果

图 6.41 为借助坐标轴对其影响区域进行分析，当背景电荷位于阴影部分区域时，它离目标元胞比较近，对目标元胞的输出正确概率影响较大，甚至使得目标元胞以接近于 1 的概率处于"1"态。说明背景电荷对目标元胞的影响大于中间的驱动元胞对目标元胞的作用，使目标元胞的状态发生翻转。而在阴影区域外的其他区域，目标元胞均处于"0"态，这其中有两方面因素：其一是因为背景电荷远离目标元胞，

其影响可忽略不计，目标元胞作为传输线的输出处于"0"态；其二是当背景电荷处于横坐标上方与阴影区域对称的区域时，根据电子间的相互作用规律，其对目标元胞的影响是促进目标元胞处于"0"态。

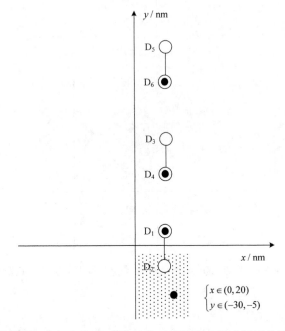

图 6.41　两点 QCA 竖直传输线受背景电荷影响坐标分析图

计算发现，当信号沿竖直方向传输时，背景电荷位于以目标元胞为中心的 32nm 范围内对目标元胞的影响显著，极易导致目标元胞的错误输出，影响传输线功能[31]。

参 考 文 献

[1]　Patel K N, Markov I L, Hayes J P. Evaluating circuit reliability under probabilistic gate-level fault models[C]//Proceedings of the International Workshop on Logic and Synthesis, 2003, 59-64.

[2]　Bahar R I, Frohm E A, Gaona C M, et al. Algebraic decision diagrams and their applications [J]. Formal Methods in System Design, 1997, 10(2): 171-206.

[3]　王真, 江建慧. 基于概率转移矩阵的串行电路可靠度计算方法[J]. 电子学报, 2009, 37(2): 241-247.

[4]　Krishnaswamy S, Viamontes G F, Markov I L, et al. Accurate reliability evaluation and enhancement via probabilistic transfer matrices[C]// Proceedings of the conference on design,

automation and test in Europe, Washington, DC, 2005, 1: 282-287.

[5]　夏银水, 裘科名. 基于量子细胞自动机的数值比较器设计[J]. 电子与信息学报, 2009, 31 (6): 1517-1520.

[6]　Lent C S, Tougaw P D. Logical devices implemented using quantum cellular automata [J]. J. Appl. Phys., 1994, 75 (3): 1818-1825.

[7]　黄宏图, 蔡理, 彭卫东, 等. 一位 QCA 数值比较器可靠性研究[J]. 微纳电子技术, 2011, 48 (5): 291-295.

[8]　Semiconductor Industry Association (SIA). International Technology Roadmap for Semiconductors (ITRS) 2010 edition [EB/OL]. http:// public.itrs.net, 2010.

[9]　汪荣鑫. 数理统计[M]. 西安: 西安交通大学出版社, 1986.

[10]　黄宏图, 蔡理, 彭卫东, 等. 多元线性回归分析在 QCA 数值比较器可靠性研究中的应用[J]. 固体电子学研究与进展, 2011, 31 (5): 460-463.

[11]　Azghadi M R, Kavehei O, Navi K. A novel design for quantum-dot cellular automata cells and full adders [J]. Journal of Applied Science, 2007, 7 (22): 3460-3468.

[12]　Navi K, Farazkish R, Sayedsalehi S, et al. A new quantum-dot cellular automata full-adder [J]. Microelectronics Journal, 2010, 41 (12): 820-826.

[13]　Zhang R, Walus K, Wang W, et al. A method of majority logic reduction for quantum cellular automata [J]. IEEE Transa. Nanotechnol., 2004, 3 (4): 443-450.

[14]　黄宏图, 蔡理, 杨晓阔, 等. 基于概率模型的量子元胞自动机加法器容错性能研究[J]. 物理学报, 2012, 61 (5): 050202-1~7.

[15]　王毓银. 数字逻辑电路设计[M]. 北京: 高等教育出版社, 2005: 208-210, 116.

[16]　黄宏图. 基于概率模型的 QCA 数字逻辑电路可靠性研究[D]. 西安: 空军工程大学硕士学位论文, 2011.

[17]　Huang J, Momenzadeh M, Lombardi F. Design of sequential circuits by quantum-dot cellular automata [J]. Microelectronics Journal, 2007, 38 (4): 525-537.

[18]　Shamsabadi A S, Ghahfarokhi B S, Zamanifar K. Applying inherent capabilities of quantum-dot cellular automata to design: d flip-flop case study[J]. Journal of Systems Architecture, 2009, 55 (3): 180-187.

[19]　Yang X K, Cai L, Zhao X H, et al. Design and simulation of sequential circuits in quantum-dot cellular automata: falling edge-triggered flip-flop and counter study[J]. Microelectronics Journal, 2010, 41 (1): 56-63.

[20]　张南生. 基于 QCA 逻辑电路容错性和可测性研究[D]. 西安: 空军工程大学硕士学位论文, 2010.

[21]　钟丽. 数字电路故障容错设计自动化—VHDL 编译器设计[D]. 成都: 电子科技大学, 2007.

[22]　Fijany A, Toomarian B N. New design for quantum dots cellular automata to obtain Fault tolerant

logic gates [J]. Journal of Nanoparticles Research, 2001, 3: 27-37.

[23] Niemier M T, Kogge P M. The "4-Diamond Circuit" - A Minimally Complex Nano-scale Computational Building Block in QCA [A]. Proceedings of the IEEE Computer Society Annual Symposium on VLSI Emerging Trends in VLSI Systems Design (ISVLSI' 04) [C], 2004: 1-8.

[24] Wang W, Walus K, Jullien G A. Quantum-dot cellular automata adders [J]. IEEE Nano, 2003, 2: 461-464.

[25] 陈祥叶. 量子元胞自动机耦合功能阵列瞬态故障研究[D]. 西安: 空军工程大学硕士学位论文, 2013.

[26] Orlov A O, Amlani I, BernsteinG H, et al. Realization of a functional cell for quantum-dot cellular automata[J]. Science, 1997, 277(15): 928-930.

[27] Amlani I, Orlov A O, Snider G L, et al. External charge state detection of a double-dot system[J]. Appl. Phys. Lett., 1997, 71(12):1730-1732.

[28] Lent C S, Tougaw P D, Porod W, et al. Quantum cellular automata[J]. Nanotechnology, 1993, 4(1): 49-57.

[29] Larue M, Tougaw P D, Will J D. Stray Charge in Quantum-dot cellular automata: a validation of the intercellular hartree approximation effect of stray charge on quantum-dot cellular automata[J]. IEEE Trans. Nanotech., 2013,12(2):225-233.

[30] Lu Y H, Lent C S. A metric for characterizing the bistability of molecular quantum-dot cellular automata[J]. Nanotechnology, 2008, 19: 155703-1~11.

[31] 汪志春. 两点量子元胞自动机逻辑电路设计及可靠性研究[D]. 西安: 空军工程大学硕士学位论文, 2014.

第7章　量子元胞自动机的数据读出接口和时钟电路

随着传统 CMOS 工艺接近其物理极限，出现了许多新型纳电子器件，纳磁体逻辑（Nano-Magnet Logic，NML）由于具有高集成度、低功耗及抗辐射等优点，从而备受人们关注[1,2]。NML 电路的正常工作需三个外围电路：驱动电路、时钟电路和数据读出接口电路[3,4]。驱动电路通过载流导线或临近纳磁体形成的外部磁场来实现信号的驱动；时钟电路提供足够的磁场强度使得纳磁体进入亚稳态；数据读出接口电路完成 NML 的磁信号到 CMOS 的电性信号的转换。对于磁性逻辑器件，非常关键的问题就是与外围电子电路交互的能力，因此，对用于电磁信号之间相互转换的纳磁体逻辑器件的接口电路进行研究显得十分必要。本章主要对纳磁体逻辑器件的数据读出接口电路及其性能进行研究和分析。

7.1　纳磁体逻辑数据读出原理

首先简要回顾一下 NML 的工作原理[1]。NML 间的偶极子耦合形成了垂直方向的铁磁排序和水平方向的反铁磁排序，因此，若一个纳磁体的磁化方向向上，那么，在稳态时，水平方向上邻近的左右两个纳磁体的磁化方向趋于向下；而垂直方向上的邻近纳磁体的磁化方向保持向上。固定输入纳磁体的磁化方向，沿着 NML 的易磁化轴方向施加一个足够强的时钟磁场，使得 NML 的纳磁体处于亚稳态，即空态，撤去时钟磁场，由于邻近纳磁体偶极子场的作用，使得纳磁体恢复到新的稳态，从而完成目标纳磁体的转换，实现 NML 的逻辑功能。

纳磁体逻辑器件与电子器件相结合的集成电路将来会成为一种新的模式，例如，磁随机存储器 MRAM，甚至有可能将纳磁体逻辑阵列集成到 MRAM 单元中，此时，纳磁体逻辑器件的磁性层不仅用于存储单一的字节信息，同时也要具备执行一些简单的逻辑运算的能力。

图 7.1 显示了纳磁体逻辑线的输入输出示意图。共包含三个端口：输入（input）、时钟（clock）和输出传感器（output sensor）。输入端是通过载流导线或邻近纳磁体形成的外部磁场来驱动纳磁体逻辑的输入。时钟电路用于产生足够强度的磁场来提供能量，使纳磁体逻辑器件的状态变为空态，进而通过邻近 NML 的偶极子场的作用，完成信号的传递。输出传感器，也就是数据读出接口电路，用于 NML 的磁性逻辑信号转换成电性信号，实现 NML 与外部 CMOS 电路的信息处理和读取[5-7]。

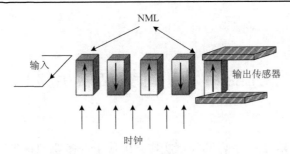

图 7.1　NML 输入、输出接口电路的示意图

目前，针对输入电路和时钟的设计与实现，开展了大量的研究工作[6,8]，也有一些工作对 NML 的输出传感器进行研究[5,6,9]。Becherer 等通过一种"裂口－电流"结构提出一种用于读出 NML 逻辑值的亚微米霍尔效应传感器[9]，Liu 等利用纳磁体的边缘磁场驱动磁性隧道结（Magnetic Tunnel Junction，MTJ）的自由层设计了两种 NML 的数据读出接口结构[5]，MTJ 器件的读取操作是利用该结构的有效电阻实现的，而有效电阻与自由层和固定层的相对磁化方向有关[10-12]。然而，在读取逻辑数据时，需要设置一个参考值用于补偿 MTJ 参数的工艺相关的差异性。尽管文献[5]提出的结构可实现数据读出接口的功能，但必须添加一种数据读取的参考方法，且转换过程需施加外部磁场才能完成。

本章基于双固定层、单自由层的双势垒磁性隧道结，结合片上时钟结构，提出了两种数据读出接口电路。这两种结构无须参考单元和外加时钟，均可实现磁信号到电信号的转换。最后对其性能进行分析比较。

7.2　磁性隧道结

自 1988 年，Baibich 等[13]首次发现了巨磁电阻效应后，在短短的五六年内涌现出了一系列新型磁电子学器件，从而使计算机外存储器的容量获得了突破性进展，并使家用电器、自动化技术和汽车工业中应用的传感器得到更新，给所有磁电阻器件带来一场深刻的革命。特别是隧道结磁电阻效应发现后，铁磁隧道结以其在室温下具有高磁场灵敏度、高结电阻、低功耗、高输出电压等特点，而引起人们的高度关注。虽然制备工艺较为复杂，但易与半导体平面工艺兼容，应用前景极为广泛，如磁随机存储器（MRAM）、磁传感器等。

MTJ[11-12]主要由很薄（1～3nm）的绝缘势垒层和两层铁磁金属层构成，金属层分别称为自由层（free layer）和固定层（fix layer），结构如图 7.2 所示。固定层的磁化方向是预置不变的，而自由层的磁化方向由外加磁场控制。自由层的长轴方向（也就是易磁化方向）与固定层的磁化方向是平行的，从而使得自由层的磁化方向只包含两个稳定状态：平行或反平行（相对于固定层的磁化方向而言）。虽然在概念上 MTJ 比较简单，但是为了实现预期的读、写、热稳定等目的，自由层和固定层实际上是包含了很多层的结构。

当在两层金属层间加载一个偏置电压时，被磁层极化的电子会通过一个称为穿隧的过程，穿透绝缘隔离层，由于电子隧穿氧化层(MgO)而产生电流，其大小由自由层与固定层磁化方向的相对状态决定：当自由层的磁矩方向与固定层平行时，MTJ 的电阻值小，如图 7.2(a) 所示；而当自由层的磁矩方向与固定层反向平行时，MTJ 电阻值大，如图 7.2(b) 所示。随着 MTJ 磁性状态的改变，电阻也会发生变化，这种现象称为磁阻。因此，MTJ 的 I-V 特性可用一个非线性电阻表征，该非线性电阻依赖自由层和固定层的相对磁化方向。

(a) 平行状态(低电阻)　　　(b) 反平行状态(高电阻)

图 7.2　MTJ 结构

MTJ 有效电阻的比值称为隧穿磁阻(MagnetoResistance，MR)，定义为[12]

$$MR = \frac{R_{AP} - R_P}{R_P} \tag{7.1}$$

式中，R_{AP}、R_P 分别表示反平行状态和平行状态下的 MTJ 电阻。

MR 是 MTJ 的重要参数指标，MR 值越大，MTJ 的最大、最小电阻值之差越大，磁阻现象越明显，也越易区分固定层和自由层的磁矩方向是平行还是反向。因此，如何提高 MR 值成为 MTJ 的研究热点。1975 年，Julliere 等[14]在 Fe/Ge/Fe 基隧道结中观测到了隧穿磁电阻效应，发现隧穿电导与两铁磁层磁化矢量的相对方向有关，从实验上证实：当温度为 4K 时，Fe/Ge/Fe 结构的 MTJ 的 MR 值为 14%。同时，提出一个简单模型，即 FM/I/FM(其中，FM 表示铁磁金属，I 表示绝缘体)型隧道结，来解释实验上所观测到的隧穿电导的变化现象。20 年后，Miyazaki 等[15,16]发现 Fe/Al$_2$O$_3$/Fe 隧道结在室温下的 MR 值高达 18%。随着样品制备技术的改进和理论研究的深入，MTJ 的 MR 值不断提高。2004 年，Wang 等[17]用标准的溅射方法采用 CoFeB 靶制备了 CoFeB/AlO$_x$/CoFeB，其 MR 值达到 70%。2001 年，许多的理论计算预测[18,19]：以 (001) 取向的 MgO 晶体为势垒的 Fe/MgO/Fe，具有极高的 MR 值，理论上 MR 值可能超过 1000%。2004 年，Yuasa 等[20]和 Parkin 等[21]分别用分子束外延薄膜生长技术和常规溅射技术制备了 Fe/MgO/Fe 结构的 MTJ，在室温下其 MR 值分别达到 180% 和 220%。2006 年，CoFeB/MgO(001)/Co(001) 结构的 MTJ 的室温 MR 值达 400%[22]。2008 年，Ohno 等制备的 CoFeB/MgO/CoFeB 结构的 MTJ 的 MR 值达 600%[23]。

在 CoFeB/MgO/CoFeB 结构的 MTJ 中，平均转换时间表示为[24]

$$\tau = \tau_0 \exp\left[\frac{E}{k_B T}\left(1 - \frac{I}{I_C}\right)\right] \tag{7.2}$$

$$E = \frac{\mu_0 M_S \times V \times H_K}{2} \tag{7.3}$$

式中，$\tau_0 = 1\mathrm{ns}$，表示静止状态下磁化引入的时间，k_B 是玻尔兹曼常数，E 是保证热稳定性的高能势垒，T 是温度，I_C 是转换临界电流，I 是加载电流，μ_0 是真空磁导率，M_S 是饱和磁感强度，V 是自由层的体积，H_K 是各向异性场。

那么，如何读出 MTJ 的逻辑值呢？我们知道，MTJ 结构的有效电阻值大小取决于其自由层和固定层磁矩的相对方向，因此，MTJ 数据的读出正是通过测量其有效电阻来实现的。而 MTJ 电阻的测量则可以通过施加电压测量电流或者施加电流测量电压来完成。无论哪种方式，都需要一个参考值与测量值(如电流)比较来确定 MTJ 的状态，也就是自由层和固定层的磁矩相对方向。

MTJ 的 MR 值并不是一个常数，而是随着读出电压的增加而减小。因此，测量值(如电流)和参考值之间的相对差异会随着施加电压的增加而减小，然而，当电压接近 0V 时，测量值和参考值之间的绝对差异就会消失。对于一个鲁棒性、高性能的设计，相对差异和绝对差异都是很重要的。所以，理想的 MTJ 读出电压范围为 200~300mV。

MTJ 读出参考值用于补偿 MTJ 参数(如 R_P)在制备过程带来的差异性，以及环境变化，如电压、温度等，给 MTJ 参数带来的变化。目前，最为常用的参考值方法有三种，分别是双胞胎单元(twin cell)法、参考单元(reference cell)法和自参考(self-reference)法[12]，下面以测量电流为例，简要介绍以下这三种参考方法，对于测量电压也适用。

(1)双胞胎单元法。在这种方式中，两个 MTJ(其中一个是冗余 MTJ)用于存放同一个数据字节，所需的 MTJ 和冗余 MTJ 总是写入相反状态。测量所需 MTJ 的电流，并与冗余 MTJ 的电流进行比较，从而来确定所存储数据。这种读出数据的方式可以最大可能地获得原始数据，但是，这种方式每读取一个字节就需要两个 MTJ，显然冗余度增加，此外，对两个 MTJ 之间的参数不匹配很敏感。

(2)参考单元法。测量携带数据的 MTJ 的电流，与一个或多个参考 MTJ 的电流进行比较，而参考 MTJ 的状态是预先设置的已知状态。如果只使用一个参考 MTJ，那么，该参考 MTJ 单元的电流就必须乘以一个因子来作为判别 0 和 1 状态的参考电流值。如果使用两个状态相反的参考 MTJ 单元，那么参考值就是两个 MTJ 的平均电流值。与双胞胎单元法相比，这种方法仅仅只能得到一半的原始信号，但是这种方法在 MRAM 中集成度更高，这是因为一个参考 MTJ 单元可同时被很多单元作为参考单元。同样地，这种方法对 MTJ 参数不匹配很敏感。

(3)自参考法。测量 MTJ 的电流，并同时存储该原始电流值。相同的 MTJ 写入一个已知的状态值，并测量其对应的电流，将这个电流乘以一个因子作为判别 0、1 状态的参考值，然后将原始电流与该参考值比较来确定其状态。亦或，第二次测量的电流也存储起来，相同的 MTJ 写入一个相反的已知状态，测量对应的电流值，然后将原始电流值与这两个电流值的平均值比较来确定状态。自参考法利用相同的原始信号作为参考单元方法，不需要额外增加参考单元面积，同时对 MTJ 参数不匹配也不敏感。然而，重复地读、写操作会显著增加读出、写入时间以及读出功耗。

7.2.1　数据读出接口电路的结构

文献[5]利用 MTJ 结构实现了 NML 到 CMOS 电路的信息交互，但 MTJ 数据的读出需要与参考值进行比较才能得到[25]，如上所述，目前已知的参考方法有三种：双胞胎单元法、参考单元法和自参考法[12]。若 MTJ 的电阻差异性很大，则 MTJ 的两种状态对应的电阻值可能会均大于或小于参考值[25]，导致读出错误的逻辑值。然而，同一个 MTJ 的反平行状态对应的电阻总是大于平行状态，因此，基于双固定层、单自由层的双势垒 MTJ 结构[11]来设计 NML 的数据读出接口电路（Readout Interface Circuit，RIC），从而可避免这种电阻差异性。在 RIC 中，双势垒 MTJ 的自由层的磁化方向通过临近纳磁体的边缘磁场耦合控制，采用片上时钟结构（后面详细介绍）提供一个沿难磁化轴方向的时钟磁场来实现信号的传递。所设计的 RIC 结构[3,4]如图 7.3 所示，分别称为 RIC1 和 RIC2。

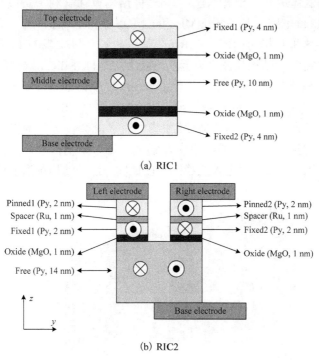

图 7.3　提出的 NML 数据读出接口电路的切面结构示意图

图 7.3 中的纳磁体尺寸为 90nm×60nm×20nm，箭头所指的信息显示了每一层对应的材料和厚度，Py 是坡莫合金(Permalloy)的简写。RIC1 和 RIC2 均采用三端[26](或电极)方法来实现数据的自参考读出操作，在每种设计中，两个固定层的磁化方向必须是反向的，其目的是同时与自由层形成高阻和低阻状态。文献[27]指出双势垒(MgO)的 MTJ 结构比单势垒的 MTJ 的整体力矩高 25%左右，这意味着这种结构可有效地减少转换时间。

在 RIC1 中，最底层是固定层，自由层被氧化层(MgO)隔离放置于固定层上面，另一个固定层置于最顶层，如图 7.3 (a)所示。两个固定层关于自由层呈上下对称结构，但具有相反的磁化方向。

在 RIC2 中，自由层置于底部，两个相同结构的固定层间隔一段距离置于自由层上面，如图 7.3 (b)所示，左右两个固定层的磁化方向相反。为了统一 RIC1 和 RIC2 结构的高度，且和临近纳磁体的高度一致，RIC2 自由层的高度要比 RIC1 的高些。

7.2.2　片上时钟电路

在转换过程中，必须沿着 NML 的难磁化轴施加一个足够强的磁场强度[7]。已有研究在仿真和实验方面证实了一种片上低功耗时钟电路结构可提供足够的磁场强度，从而使得纳磁体进入亚稳态状态[8-9]，这种结构设计有利于实现单个芯片上集成 NML 的全功能逻辑电路，且益于 NML 和 CMOS 的综合集成化。

这里，借鉴这种结构为 RIC1 和 RIC2 提供磁场，以实现 MTJ 自由层磁场方向的转换，片上时钟电路结构如图 7.4 所示。最底层是硅(Silicon)衬底(Si 也是 CMOS 器件的基底)，在 Si 上置一层薄的氧化层(Oxide)，厚度约20nm，由一层铁氧体(Yoke)裹着的载流铜导线(Copper wire)放置到氧化层上面。NML 和 RIC 隔着一层薄氧化物(约 10nm)放置到最上面。给铜导线加载电流，就会在导线周围产生一个磁场，裹着的铁氧体使得所产生的磁通线集中在铜线周围，从而产生一个足够强的磁场使得 NML 和接口电路的自由层进入亚稳态。已证实，这种结构可沿着图中所示的 B 方

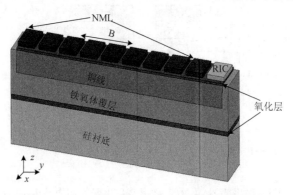

图 7.4　RIC1 和 RIC2 的片上时钟结构截面图

向产生足够强的磁场。RIC1 或 RIC2 放置在 NML 电路的最末端,如图 7.4 所示,且与纳磁体使用同一个时钟,其自由层作为一个纳磁体对待,通过临近纳磁体的边缘场控制其状态。

7.2.3　电信号输出电路

正如上面所述,两种接口电路均利用的是双固定层、单自由层的 MTJ 结构实现磁信号到电信号的转换,RIC1 采用的是上下结构,而 RIC2 采用的是左右结构。如果用非线性电阻模拟 MTJ[11],那么,RIC1 可表示为两个电阻的串联,而 RIC2 则是两个电阻的并联。为了使得 NML 电路的输出信号直接输入 CMOS 电路,这里分别基于动态电流模式和预置电荷方式[28]为 RIC1 和 RIC2 设计了电信号输出电路,其依据是:在 MTJ 中,自由层和固定层的相对磁化方向的不同而导致不同的电阻状态。两种读出电路如图 7.5 所示。

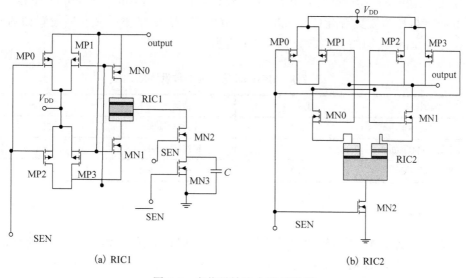

(a) RIC1　　　　　　　　　　　　　　　(b) RIC2

图 7.5　电信号输出电路示意图

在图 7.5(a)中,RIC1 的电信号输出电路包括 4 个 PMOS(MP0-MP3)、4 个 NMOS(MN0-MN3)和一个电容(C)。"SEN"是使能控制信号,具有两个状态。当"SEN"设置为 0 时,晶体管 MP0、MP2 和 MN3 导通,由于 MN2 截止使得 MN0 和 MN1 的公共源极充电,且使得电压达到最大值 V_{DD};随着"SEN"从 0 变到 1,导致 MN2 导通、MN3 截止,使得所充的电荷开始放电,然而,由于 RIC1 的上下结构中相对磁场方向的不同而导致的电阻不同,放电的速度也就不同,因而,输出端就可读出 RIC 的磁逻辑信号。

在图 7.5(b)中,RIC2 的电信号输出电路[28]由两个反相器(MP1 和 MN0 的反相器及 MP2 和 MN1 的反相器)、两个 PMOS(MP0、MP3)和一个 NMOS(MN2)构成，基本操作如前面所述，在此不再赘述。

值得注意的是 MTJ 的写操作可能会影响读操作。为了避免这种情况，这里要求当"SEN"信号为 0 时，执行写操作，其原因是当"SEN"为 0 时，不管写扰动是否存在，读出电路被强制输出高电平。

7.2.4　纳磁体读出接口电路性能分析

为了分析所设计的数据读出接口电路的性能，采用 Ansoft Maxwell v12.1 3D[29] 和 SPICE 软件对其进行仿真。Maxwell 3D 是一个功能强大、结果精确、易于使用的三维电磁场有限元分析软件，包括电场、静磁场、涡流场、瞬态场和温度场分析模块，可用于分析电机、传感器、变压器、永磁设备、激励器等电磁装置的静态、稳态、瞬态、正常工况和故障工况的特性[29]。利用 Maxwell 建立图 7.3 和图 7.4 中的结构，设置铜线的电流密度为 10^7A/cm^2，纳磁体的尺寸为 90nm×60nm×20nm，间隔为 15nm，材料为坡莫合金(Permalloy)，RIC1 和 RIC2 的参数及材料设置如图 7.3 所示，片上时钟结构的其他参数如表 7.1 所示。

表 7.1　Maxwell 仿真的参数设置

结构材料	厚度/nm	结构材料	厚度/nm
硅衬底(Si)	200	铁氧体壁厚	20
硅上氧化物(Oxide)	20	铜线(Copper)	100
铁氧体(Yoke)	200	铜上氧化物(Oxide)	10

1. MR 值

MR 值是评估 MTJ 结构磁电转换性能的一个重要指标。MR 值越大，则 CMOS 读出电路越易获取数据[24]。在仿真中，自由层和固定层的磁化方向并不是理想下的平行或反平行，当两层间的相对磁化方向夹角为 θ 时，MTJ 电导表示为

$$G(\theta) = 0.5G_P(1 + \cos(\theta)) + 0.5G_{AP}(1 - \cos(\theta)) \tag{7.4}$$

式中，G_{AP} 和 G_P 分别是理想情况下反平行和平行状态时的电导。图 7.6 给出两种结构输出逻辑值为"0"时所对应的自由层的中线的磁化夹角分布情况。

从图 7.6 可见，两种结构在平行和反平行状态时的磁化夹角差值较大，可基本实现反向的功能。为了量化两种结构的 MR 值，设理想 MR 值为 40.36%[5]。利用式 (7.4) 得到的两种结构的 MR 估计值如表 7.2 所示，RIC1 的 MR 平均为 36.93%，而 RIC2 的平均 MR 值是 38.01%，之所以 RIC2 的 MR 值略高，是由于其自由层体积较大造成的。

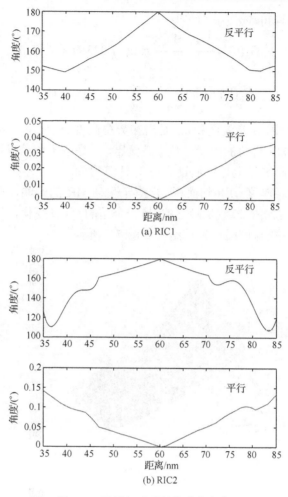

图 7.6　平行与反平行的磁化夹角

表 7.2　MR 估计值

结构	逻辑输出值	平行时夹角/(°)	反平行夹角/(°)	MR 值/%
RIC1	0	14.8	146.0	35.03
	1	13.2	164.6	38.82
RIC2	0	18.6	165.5	38.41
	1	16.0	158.2	37.60

众所周知，MR 值依赖偏压、温度、势垒高度、氧化层厚度及结面积等因素，针对偏压、温度、势垒高度等对 MR 的影响，已开展了一些研究[30,31]，这里主要分析氧化层厚度和结面积对 MR 的影响。

MTJ 的平行电导可表示为[10,24,32]

$$G_p(0) = \frac{F \times \varphi^{0.5} \times A}{t} \exp(-1.025 \times t \times \varphi^{0.5}) \tag{7.5a}$$

$$G_p(V) = \left(1 + \frac{t^2 \times e^2 \times m}{4 \times \bar{h}^2 \times \varphi} \times V_{bias}{}^2\right) \times G_p(0) \tag{7.5b}$$

式中，t 是氧化层厚度，A 是结面积，φ 是潜在势垒高度(氧化层为 MgO 时，$\varphi = 0.4$)，$F = 332.2$ 是依赖 MTJ 材料的因子，V_{bias} 是偏压，e 是电子电荷量，m 是电子质量，$\bar{h}$ 是普朗克常数。反平行电导可通过式(7.1)计算得到。

为了分析氧化层厚度(t)和结面积(A)差异性对 MR 的影响，假设所设计的接口电路中其中一个隧道结的参数是确定的，另一个结的 t 和 A 变化，且相对误差为 10%，偏压为 1V，其他参数与前面一致，结果如图 7.7 所示。

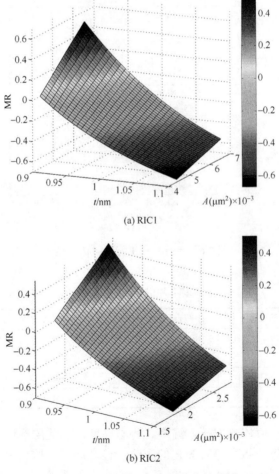

(a) RIC1

(b) RIC2

图 7.7　MR 值随 t 和 A 的变化趋势图

由图 7.7 可看出，在 RIC1 和 RIC2 中，氧化层厚度和结面积对 MR 值均有影响，且氧化层厚度的影响更显著，随着两个参数的变化，导致 MR 值可能小于 0，使得 MTJ 读出错误数据。图 7.8 比较了不同的氧化层厚度和结面积的相对误差下，书中结构和传统的参考单元法[12]两种方式的误码率（Bit Error Rate，BER）。设置字节数为 10^6。

从图 7.8 可见，书中所设计的结构的 BER 小于传统参考单元方式的，性能比参考单元的要好。当相对误差小于 5%时，所提出的结构的 BER 小于 1%，而参考单元的 BER 要高达 20%，随着相对误差的增大，两种方式的 BER 均增加，当相对误差大于 40%时，这种增加趋势变缓。

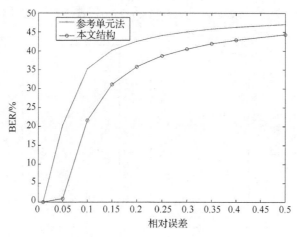

图 7.8　不同方式的 BER 比较

2. 转换时间及逻辑输出

利用式(7.2)和式(7.3)计算两种结构的转换时间，其他参数设置如文献[24]，计算的转换时间随电流比值 I/I_C 的变化关系如图 7.9 所示。

从图 7.9 可看出，RIC1 的转换时间总是小于 RIC2 结构的，这是由 RIC2 的自由层体积较大造成的。当电流比 I/I_C 从 0 增加到 1 时，两种结构的转换时间分别下降 0.4%和 0.7%。

依据图 7.3、图 7.4 和图 7.5 的结构及电路，仿真两种结构的逻辑功能，即将磁信号转换为电信号的能力。在 SPICE 中，将 MTJ 等效为一个非线性电阻的宏模型[10]，晶体管设置为 45nm 技术结点的典型参数，且宽长比(W/L)为 2，电容为 1pF，"SEN"控制信号的转换时间为 0.01ns，充电时间（磁信号写入时间）为 5ns，放电时间（也为电性逻辑值读出时间）为 15ns，结果如图 7.10 所示。

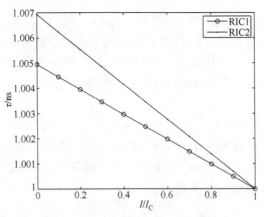

图 7.9 两种结构的转换时间比较

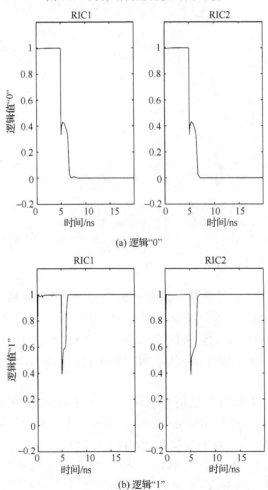

(a) 逻辑"0"

(b) 逻辑"1"

图 7.10 两种结构的电性逻辑输出

从图 7.10 可看出，两种结构均能实现磁性信号到电性逻辑值的转换功能，且可正确地读出 NML 电路的逻辑值，实现了 NML 到 CMOS 外围电路的有效结合，然而，这两种结构也带来了一定的延迟，且需要一定的时间进行充电过程，此处充电时间为 5ns。

3. 延时和功耗

从上面的逻辑输出结果可知，NML 数据读出接口电路会在数据的传输过程中引入延时，下面分析两种结构的延时随控制信号转换时间的变化情况，结果如图 7.11 所示。当 SEN 的转换时间从 0.1ns 减少到 0.001ns 时，RIC1 结构的延时从 12.47ns 降为 1.06ns，而 RIC2 的延时则从 8.85ns 变为 1.07ns。由此可知，当控制信号的转换时间较长(>0.1ns)时，RIC1 的延时远远大于 RIC2 的，当转换时间较短(<0.05ns)时，两种结构的延时几乎一致。

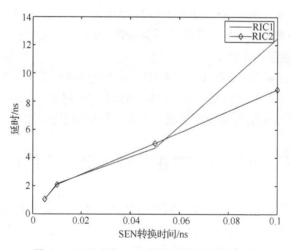

图 7.11　延时随 SEN 转换时间的变化关系

数据读出接口电路的功耗分为两部分：静态功耗和动态功耗。静态功耗是由晶体管源漏 pn 结漏电和亚阈值导通引起的。在 RIC1 和 RIC2 结构中，读取数据的过程仅包括充电和放电两个动态过程，没有静态，不存在静电流，故静态功耗可近似忽略。

动态功耗[33]主要来自于转换过程中晶体管同时导通引起的直接通路及对负载电容的充放电。在转换的过程中，导致 PMOS 和 NMOS 同时出现导通状态，从而导致电源直接连地而引起的短路功耗。短路功耗由许多因素决定，如晶体管尺寸、电压、转换时间等。负载电容的功耗是电容充放电过程功耗的总和。在 RIC1 中，功耗表示为

$$P_{\text{dyn}} = CV_s^2 f \tag{7.6}$$

式中，C 是负载电容值，f 是转换频率，V_s 是 MN2 的源极电压。V_s 是整个周期内的平均源极电压，为了简便起见，V_s 近似等于电源电压 V_{DD}。代入相应的数据，可估计 RIC1 的功耗约 10μW。在 RIC2 中，由于无负载电容，因此仅有短路功耗，表示为

$$P_{\text{SC}} = \frac{\beta}{12}(V_{\text{DD}} - 2V_T)^3 t_r f \tag{7.7}$$

式中，β 是增益系数，V_T 是阈值电压，t_r 是上升时间。RIC2 的功耗计算结果为 0.1μW。由此可见，RIC2 结构的功耗要远远小于 RIC1 的。

在工艺上，RIC1 采用了与双势垒 MTJ 结构一致的制作工艺程序，但 RIC2 则采用了相反的制作流程。文献[5]指出当前工艺下，类 RIC2 的制作更容易实现。而随着工艺技术的不断进步，RIC1 结构将是一个不错的选择。

正如前面所述，MTJ 结构电阻的测量需要在自由层和固定层间加载一个偏置电压，为了保证其正常工作，要求加载的电压要小于 1V[34]。在 RIC1 和 RIC2 中，所应用的晶体管电源电压为 1V，然后经晶体管的分压加载到 MTJ 上，因此，其偏压均小于 1V，即都能正常工作。

综上所述，RIC1 和 RIC2 都能实现从磁性逻辑值到电性逻辑值的转换，且均获得相当的 MR 值，RIC1 的转换时间低于 RIC2 的，RIC1 的延时和功耗均大于 RIC2 的，当前工艺条件下，RIC2 结构更容易加工实现，但未来技术的发展，RIC1 会是很好的选择。

7.3 数据读出接口电路在单粒子效应下的可靠性研究

由于 NML 器件是基于单畴纳磁体的磁耦合效应工作，而非电荷效应工作[1]，因此，对于辐射环境恶劣的航空、航天等领域的应用，NML 具有内在的优越性。在 7.2 节提出了两种 NML 的数据读出接口电路，可用于将 NML 的磁信号转换成电信号，从而实现 NML 到传统 CMOS 电路的有效链接。虽然 NML 具有抗辐射性，但其外围的 CMOS 电路却是脆弱的[35-40]，因此，若将 NML 和 CMOS 电路相结合应用于辐射环境中，就有必要研究这种混合电路在辐射环境中的可靠性问题。这里着重研究数据读出接口电路(RIC1)在 SEE 下的可靠性问题。

在电路模拟中，通常采用双指数电流模型来表示 SEE 对电路的影响，详细介绍见 3.3.1 节，设置电流模型的两个时间参数分别为 250ps 和 50ps。

7.3.1 SEE 敏感结点分析

若高能粒子入射 CMOS 晶体管的敏感区，则导致瞬间激发大量的电子-空穴对，产生瞬态电流，进而影响电路的逻辑状态[41-42]，通常反向偏置的 pn 结是敏感区。

如前面所述，MTJ 是基于磁效应的结构，故对 SEE 不敏感，因而，数据读出接口电路的敏感点主要是 CMOS 基的电路。

在图 7.5(a) 中，当 "SEN" 为 0 时，导通的晶体管有 MN0、MN1、MN3、MP0 及 MP2，其他的晶体管处于截止状态，因此，此时的敏感区是 MN0 和 MN1 的漏极。当"SEN"为 1 时，若输出逻辑值为 0，则 MN3、MP0、MP1、MP2 和 MN1 截止，其他晶体管导通；若输出为 1，则 MN3、MP0、MP2、MP3 及 MN0 截止，其他晶体管导通。此时的敏感结点是 MP1 和 MP3 的漏极。综合两种状态，数据读出接口电路的 SEE 敏感区包括两个结点：一个是 MP1 和 MN1 的公共漏极；另一个是 MP3 和 MN0 的公共漏极。

7.3.2　数据读出接口电路的 SEE 临界电荷

利用 SPICE 仿真了数据读出接口电路的 SEE，CMOS 采用 BSIM4 模型，参数设置为 45nm 技术结点的典型参数，且 W/L 比值等于 2，电容为 1pF，充电时间为 5ns，粒子在 5ns 时入射器件，结果如图 7.12 所示。

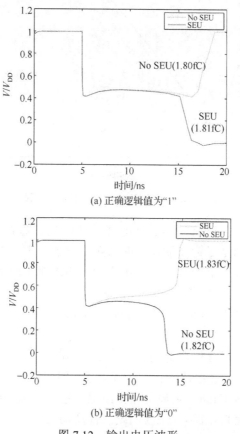

图 7.12　输出电压波形

当正确逻辑值为"1"时，如图 7.12(a)所示，若累积电荷小于 1.80fC，那么，电路经历一段时间的扰动后，最终状态恢复到"1"状态；若累积电荷大于 1.81fC，则电路受到 SET 扰动后，无法恢复到原状态，而是进入翻转状态，输出错误的逻辑值，因此，临界电荷(Q_C)[43]介于 1.80～1.81fC。正确逻辑值为"0"(图 7.12(b))的分析情况类似。

7.3.3　入射时间和技术结点对 SEE 的影响

下面分析粒子入射时间和技术结点对数据读出接口电路的可靠性的影响。这里的入射时间指的是高能粒子入射到电路的敏感结点的时间。参数设置同上，仿真结果如图 7.13 所示。

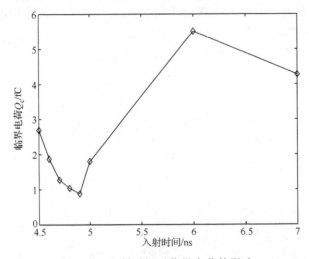

图 7.13　入射时间对临界电荷的影响

由图 7.13 可知，当入射时间小于充电时间(5ns)时，随着入射时间的增加，SEU 临界电荷减少，其原因是尽管高能粒子的入射带来了一定的电压扰动，但电路处于充电阶段，可在一定程度上缓减一些电压扰动。当入射时间大于 5ns 时，临界电荷呈先增后减趋势变化，其原因是"SEN"为 1 时，需要一定的时间来完成充电过程，且不能立即开始放电过程，因此，所需的临界电荷更多，一旦放电过程开始，电路的输出稳定，则需要的临界电荷减少。

下面分析技术结点对临界电荷的影响，结果如图 7.14 所示。可看出，随着晶体管特征尺寸的不断缩减，数据读出接口电路发生 SEU 所需的临界电荷显著降低，技术结点从 90nm 降低到 45nm，临界电荷则降低了近 150%。由此可见，特征尺寸的减少导致了数据读出接口电路对 SEU 的敏感性增加。

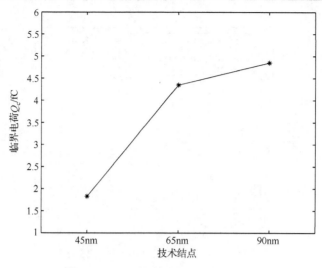

图 7.14　不同技术结点下的临界电荷

7.3.4　抗辐射加固设计

前面分析了数据读出接口电路的单粒子效应及其影响，下面分析几种用于抗辐射加固的方法，主要包括局部晶体管尺寸调整和增加负载电容，最后给出通用的加固方案。

1. 局部晶体管尺寸调整加固

门级抗辐射加固[44]技术是一种减少 CMOS 电路的 SEE 的经济、有效的方法。晶体管尺寸越小，对 SEE 的敏感性越强。下面分析不同尺寸下，数据读出接口电路中 SEE 临界电荷的变化情况，结果如图 7.15 所示，设置技术结点为 45nm，其中横坐标的尺寸因子表示的是晶体管的 W/L 比值。主要分析了三种局部和全局的调整晶体管尺寸的加固方案，局部的方案主要是针对敏感区关联的晶体管进行调节，而全局则是对所有的晶体管进行相同尺寸的调整。由图 7.15 可见，局部增加晶体管的尺寸因子比全局调整晶体管的加固能力要好，且随着尺寸因子的增加，这种差距会明显增大。而在三种局部的方案中，当同时调整四个晶体管的尺寸因子时，电路的抗辐射加固能力更突出，随着尺寸因子的增加，这种优越性更加显著。

图 7.16 比较了这几种加固方案的面积开销。这里的面积指的是所有晶体管宽度之和。四种方案的面积与尺寸因子呈线性增长趋势，全局方案的面积开销最大，同时调整四个晶体管的方案的面积开销次之，其他两种方案的开销最小。

结合图 7.15 和图 7.16 可见，在选择抗辐射加固方案时，需要折中加固能力和面积开销，设计更实用、有效的加固方法。

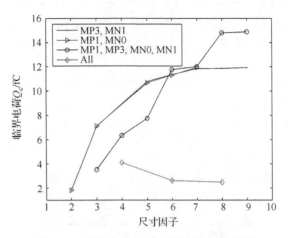

图 7.15　临界电荷与尺寸因子的变化关系

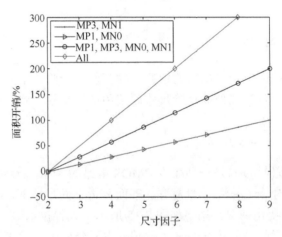

图 7.16　不同方法的面积开销比较

2. 负载电容加固

通过增加负载电容也可有效提高电路的抗辐射能力。所设计的负载电容加固的数据读出接口电路如图 7.17 所示。由于该电路的特殊功能性，需在 Q 和 QB 结点同时加载两个相同的电容 C_H，这是因为在充电过程中，电容不能接地，故需要将电容 C_H 串联一个 NMOS(MN4 和 MN5)后接地，通过"SEN"控制 MN4 和 MN5 的导通状态。

图 7.18 给出了临界电荷随 C_H 的变化情况。图中的虚线是没有电容加固时的临界电荷，可见，通过电容加固可有效地提高电路的临界电荷，从而提高电路对 SEU

的免疫力，然而，随着负载电容的增加，临界电荷呈逐渐降低趋势，这也意味着若负载电容较大，抗 SEU 能力会有所下降。

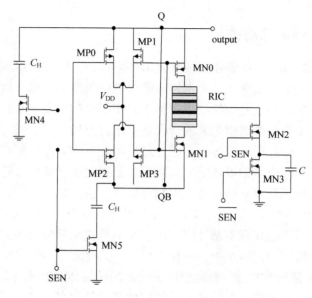

图 7.17　负载电容加固的电路图

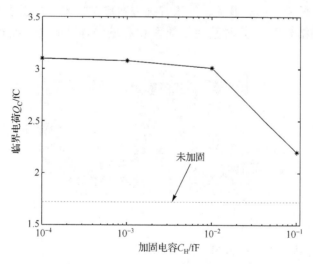

图 7.18　临界电荷与负载电容的关系

　　这里着重分析了调整晶体管尺寸和加载负载电容的加固方法，比较了各自的加固性能，并给出了合理的加固思路。在实际应用中，可通过结合这两种方法，更加有效地提高数据读出接口电路的加固性能，从而满足实际应用的需求。

7.4　纳磁体逻辑片上时钟电路

7.4.1　片上时钟电路结构

据估算，如果 10^{10} 个纳磁体每秒翻转 10^8 次，功耗大约为 0.1W[45]，比传统晶体管电路具有明显优势。然而，纳磁电路依靠时钟磁场驱动计算，该过程同样产生能耗。目前，时钟能耗问题是制约纳磁逻辑电路实用化的重要因素。对低功耗的片上时钟结构的研究成为纳磁逻辑领域的一个重要研究方向。

目前已报道了三种时钟方案：一是外磁场聚焦时钟方案，即将裹有轭式铁磁体覆层的载流铜导线铺设到纳磁体下方，利用铁磁体覆层开口构成磁偶极子，使电流产生的环形奥斯特场聚焦到纳磁体上以翻转后者的磁化方向[46-48]；二是张力诱导时钟方案，即对磁致伸缩层-压电层双层耦合纳磁体施以电压，压电层发生形变带动磁致伸缩层形变，后者磁化发生翻转[49-51]；三是自旋霍尔效应时钟方案，即利用自旋霍尔效应产生的矫顽力翻转纳磁体磁化方向[52]。比较而言，第一种时钟方案(图 7.19)容易和 CMOS 电路进行集成，而且适用于常规的纳磁体元胞阵列，其他两种方案则适用于多铁纳磁体元胞阵列。但是轭式铁磁体覆层结构(简称轭式时钟)对磁场的局域化效率低，功耗高。尤其是当时钟尺寸减小时，时钟边界处的杂散磁场会对相邻区域的磁化产生影响，形成串扰。受该时钟方案启发，本节提出了基于交换作用的低功耗片上时钟结构[53]，并对其能量效率和对纳磁体阵列逻辑功能的影响进行了研究。

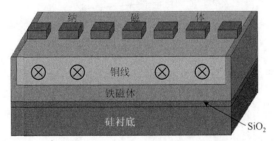

图 7.19　轭式时钟结构示意图

1. 片上时钟结构与工作原理

图 7.20 给出了本节设计的环状铁磁体覆层片上时钟结构(环状时钟)[53]。左右两个时钟区域由 SiO_2 薄层隔开以避免两者之间的串扰。每个时钟线由铜线和裹在其周围的铁磁体薄膜覆层构成；将纳磁体阵列制备在铁磁体薄膜层上方。尽管两种时钟结构相似，它们利用了不同的作用机制翻转纳磁体的磁化方向。轭式时钟利用 U 形

铁磁体层开口将载流铜导线产生的奥斯特场局域增强到导线上方，依靠塞曼作用改变纳磁体的磁化方向。环状时钟结构将铁磁体层和纳磁体直接耦合，则是采用两者界面上的交换作用。当载流铜导线产生的奥斯特场将铁磁体覆层磁化后，后者上薄膜层中的电子自旋沿时钟磁场方向(图 7.20 中白色箭头指向)准直。磁介质界面上的自旋能提供交换作用场给相邻自旋，由于交换作用具有各向同性，促使纳磁体中的自旋沿该场方向准直，宏观上发生磁化翻转。塞曼作用和交换作用分别属于长程和短程磁相互作用，而后者强度要远高于前者[54]。

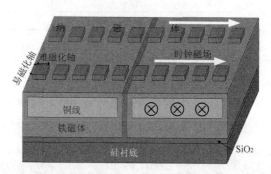

图 7.20　环状铁磁体覆层片上时钟结构示意图

环状时钟方案关键点是铁磁体薄膜上层厚度要远小于其底层厚度，由此可以提高上薄膜层中磁通量密度。因为根据麦克斯韦静磁学方程 $\nabla \cdot \boldsymbol{B} = 0$ 可知，穿过闭合曲面的磁通量为零，磁层中的磁通量密度随厚度减小而增大。此外，时钟的磁化过程同时遵守角动量守恒定律，即角动量只能从一处转移至别处。因此该结构能够将自旋角动量泵浦至铁磁体上薄膜层中，并通过交换作用传递给纳磁体。磁感应强度得以极大地聚焦于目标元胞上。

片上时钟结构配合流水线时钟方案[55]，可以使逻辑信息沿纳磁体阵列单向传递，避免运算陷入亚稳态[49]。具体而言，当图 7.20 中左侧时钟区域中纳磁体阵列进行运算时，右侧铜线通入恒定电流，产生时钟磁场，使其上方纳磁体磁化方向翻转到难磁化轴(即逻辑空态)。当左侧运算结束时，右侧时钟电流缓慢减小，此时右侧时钟区域的下一个相邻时钟通入恒定电流；右侧区域的纳磁体受到不对称作用而磁化翻转，最终磁化达到最低能量态(皆指向易磁化轴)时即所需逻辑态。这样相继周期性地改变每个时钟区域的电流大小，使纳磁体电路可以流水线式地工作。

2.　能量效率分析

为了比较环状时钟与轭式时钟的能量效率，利用电磁仿真软件 Maxwell 2D[56] 对它们进行仿真。假设通过铜导线的电流密度为 10^6 A/cm^2，纳磁体和铁磁体薄膜的相对磁导率(Relative Permeability，RP)分别为 3000 和 1000。其他数据如表 7.3 所示。

表 7.3 Maxwell 仿真中两时钟结构尺寸数据

尺寸/nm 时钟	轭式时钟	本书时钟
纳磁体尺寸(宽×高)	50×30	50×30
纳磁体间隔宽度	30	30
铜线尺寸(宽×高)	1000×200	1000×200
覆层底部厚度	100	100
覆层侧壁厚度	20	20
覆层上部厚度	—	20

图 7.21 是两种时钟结构截面磁感应强度分布的仿真结果。采用轭式时钟(图 7.21(a))时,纳磁体中的磁感应强度略大于间隙中的磁感应强度,但远低于铁磁体覆层中的水平。换言之,磁场的利用率很低。采用环状时钟时(图 7.21(b)),纳磁体中的磁感应强度明显增强,而间隙中的磁感应强度则急剧减小。

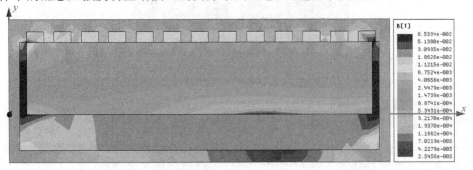

(a) 轭式时钟

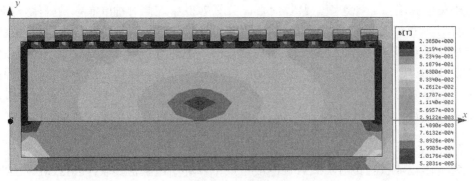

(b) 环状时钟

图 7.21 两种时钟结构截面磁感应强度分布的仿真结果

　　图 7.22(a) 是两时钟结构上方 5nm 处沿水平方向 X 的磁感应强度分布。红色虚线和蓝线分别表示轭式时钟和环状时钟的仿真结果。每条曲线的波峰和波谷分别代表纳磁体和它们间隙中的磁感应强度 B_X。轭式时钟纳磁体中的磁感应强度值约为 10mT，与间隙中的磁感应强度相差较小；而环状时钟纳磁体中的磁感应强度值约为 1T，远大于间隙中磁感应强度，后者约为 1mT。相同条件下，环状时钟产生的有效磁感应强度比轭式时钟提高了 100 倍。反过来讲，前者能使电流减小 100 倍，功耗约降低 4 个量级。相比轭式时钟，环状时钟还具有以下两个优点：一是从蓝线比红色虚线具有极高的峰谷比值可知，该方案具有很好的磁作用局域增强效果；二是从蓝线有很小的边界值可知，该结构产生很小的杂散场，能够有效克服相邻时钟间的串扰问题。

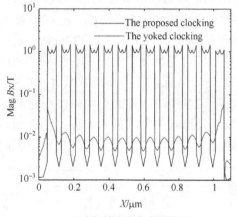

(a) 两种时钟结构仿真结果对比

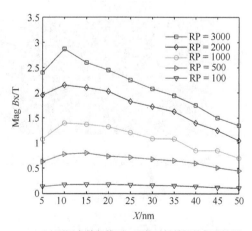

(b) 不同参数条件下，环状时钟结构的仿真结果

图 7.22　Maxwell 仿真结果

由于磁感应强度取决于磁通量穿过空间的性质，它的大小与该空间的尺寸与相对磁导率有关。图 7.22(b)显示其他时钟参数不变时，五条曲线分别对应铁磁体取五种不同相对磁导率时，纳磁体中磁感应强度随铁磁体上薄膜层厚度的变化情况。显然，相对磁导率高的铁磁材料泵浦效率更高。相同铁磁材料条件下，其上薄膜层约为 10nm 时泵浦的能量效率最高。

7.4.2 时钟电路功能验证

实现磁化翻转是为了将纳磁体置为逻辑空态，这是纳磁逻辑电路计算的一个重要环节。相比轭式时钟，环状时钟方案在撤去电流时，可能存在铁磁体覆层与纳磁体的相互作用，因而有必要研究该作用是否对电路的逻辑功能造成影响。采用 OOMMF 软件[57]来研究纳磁体阵列在时钟上的磁化过程，如图 7.23(a)所示，观察 10 个纳磁体组成的反相器在时钟上的磁化，左右两侧磁体分别是输入模块 (180nm×70nm×30nm)和保护模块(50nm×100nm×30nm)。它们被放置在两个相邻的时钟区域之上，模拟时钟边界对逻辑计算的影响。纳磁体和铁磁体薄膜的饱和磁化强度分别为 8×10^5A/m 和 5×10^5A/m，交换作用常数 $A=10.5\times10^{-12}$J/m，选取阻尼系数为 0.5。假设纳磁体处于空态和铁磁体层有剩磁，令它们都有水平向右的初始磁化。图 7.23(b)和(c)分别是最终磁化结果的水平图和侧视图。水平图只显示了纳磁体阵列的磁化结果，以磁化向上和向下的形式交互出现，表明纳磁体之间以反铁磁

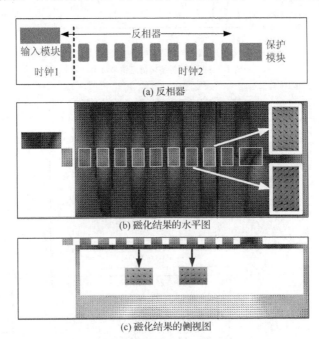

(a) 反相器

(b) 磁化结果的水平图

(c) 磁化结果的侧视图

图 7.23 环状时钟上反相器的微磁仿真结果

耦合的方式正常工作。侧视图则显示了除输入模块之外的磁化结果，可以发现虽然纳磁体中靠近界面处的磁化受到交换作用的影响而趋近于铁磁体剩余磁化方向，但是没有改变相邻纳磁体形成的偶极耦合。磁化结果充分表明制备在铁磁体层上的纳磁体能够实现逻辑功能。

参 考 文 献

[1] International Technology Roadmap for Semiconductors 2013[R]. http://www.itrs.net.

[2] 杨晓阔. 量子元胞自动机可靠性和耦合功能结构实现研究[D]. 西安: 空军工程大学博士学位论文, 2012.

[3] 刘保军. 纳米 CMOS 器件及电路在单粒子效应下的可靠性研究[D]. 西安: 空军工程大学博士学位论文, 2013.

[4] Liu B J, Cai L, Zhu J, et al. On chip readout circuit for nanomagnetic logic[J]. IET Circuits Devices & Systems, 2014,8(1):65-72.

[5] Liu S, Hu X S, Nahas J J, et al. Magnetic- electrical interface for nanomagnet logic[J]. IEEE Trans. Nanotechnolog., 2011, 10(4): 757-763.

[6] Orlov A, Imre A, Csaba G, et al. Magnetic quantum-dot cellular automata: recent developments and prospects[J]. J. Nanoelectron. Optoelectron., 2008, 3: 1-14.

[7] Csaba G, Porod W, Csurgay A I. A computing architecture composed of field-coupled single domain nanomagnets clocked by magnetic field[J]. Int. J. Cir. Theory App., 2003, 31: 67-82.

[8] Alam M T, Kurtz S J, Siddiq M A J, et al. On-chip clocking of nanomagnet logic lines and gates[J]. IEEE Trans. Nanotechnology, 2012, 11(2): 273-286.

[9] Becherer M, Kiermaier J, Breitkreutz S, et al. On-chip Extraordinary Hall-effect sensors for characterization of nanomagnetic logic devices[J]. Solid-State Electron.,2010, 54: 1027-1032.

[10] Zhao W, Belhaire E, Mistral Q, et al. Macro-model of spin-transfer torque based magnetic tunnel junction device for hybrid magnetic-CMOS design[A]. IEEE Int. Behav. Model. Simulat. Workshop[C]. San Jose, CA, 2006: 40-43.

[11] Huai Y. Spin-transfer torque MRAM (STT-MRAM): challenges and prospects[J]. AAPPS Bulletin, 2008, 18: 33-40.

[12] Maffitt T M, DeBrosse J K, Gabric J A, et al. Design considerations for MRAM[J]. IBM J. Res. & Dev., 2006, 50: 25-39.

[13] Baibich M N, Broto J M, Fert A, et al. Giant magneto resistance of (001)Fe/(001)Gr magnetic superlattices[J]. Phys. Rev. Lett., 1988, 61:2472.

[14] Julliere M. Tunnling between ferromagnetic films[J]. Phys. Lett. A, 1975, 54:225.

[15] Miyazaki T, Tezuka N. Giant magnetic tunneling effect in Fe/Al$_2$O$_3$/Fe junction[J]. J. Magn.

Magn. Mater, 1995, 139: L231.

[16] Miyazaki T, Tezuka N. Spin polarized tunneling in ferromagnet/insulator/ferromagnet junctions[J]. J. Magn. Magn. Mater, 1995,151:403-410.

[17] Wang D X, Nordman C, Daughton J M, et al. 70% TMR at room temperature for SDT sandwich junctions with CoFeB as free and reference layers[J]. IEEE Trans. Magn., 2004, 40(4):2269.

[18] Mathon J, Umerski A. Theory of tunneling magnetoresistance of an epitaxial Fe/MgO/Fe(001) junction[J]. Phys. Rev. B, 2001, 63:220403(R).

[19] Butler W H, Zhang X G, Schulthess T C. Spin-dependent tunneling conductance of Fe/MgO/Fe sandwiches[J]. Phys. Rev. B, 2001, 63:054416.

[20] Yuasa S, Nagahama T, Fukushima A, et al. Giant room temperature magnetoresistance in single-crystal Fe/MgO/Fe magnetic tunnel junctions[J]. Nature Materials, 2004, 3:868-871.

[21] Parkin S S P, Kaiser C, Panchula A, et al. Giant tunneling magnetoresistance at room temperature with MgO(100) tunnel barrier[J]. Nature Mater., 2004, 3: 862-867.

[22] Yuasa S, Fukushima A, Kubota H, et al. Giant tunneling magnetoresistance up to 410% at room temperature in fully epitaxial Co/MgO/Co magnetic tunnel junctions with bcc Co(001) electrodes[J]. Appl. Phys. Lett, 2006, 89:042505.

[23] Lee Y M, Hayakawa J, Ikeda S, et al. Effect of electrode composition on the tunnel magnetoresistance of pseudo-spin-valve magnetic tunnel junction with a MgO tunnel barrier[J]. Appl. Phy. Lett., 2007, 90(21): 212507.

[24] Zhang Y, Zhao W, Lakys Y, et al. Compact modeling of perpendicular- anisotropy CoFeB/ MgO magnetic tunnel junctions[J]. IEEE Trans. Electron Dev., 2012, 59(3): 819-826.

[25] Chen Y, Li H, Wang X, et al. A 130nm 1.2V/3.3V 16Kb spin-transfer torque random access memory with nondestructive self-reference sensing scheme[J]. IEEE J. Solid-State Circ., 2012, 47(2): 560-573.

[26] Braganca P M, Katine J A, Emley N C, et al. A three-terminal approach to developing spin-torque written magnetic random access memory cells[J]. IEEE Trans. Nanotechonlogy, 2009, 8(2): 190-195.

[27] Augustine C, Raychowdhury A, Somasekhar D, et al. Design space exploration of typical STT MTJ stacks in memory arrays in the presence of variability and disturbances[J]. IEEE Trans. Electron Dev., 2011, 58(12): 4333-4343.

[28] Zhao W, Chappert C, Javerliac V, et al. High speed, high stability and low power sensing amplifier for MTJ/CMOS hybrid logic circuits[J]. IEEE Trans. Mag.,2009,45(10): 3784-3787.

[29] 赵博, 张洪亮, 等. Ansoft 12 在工程电磁场中的应用[M]. 北京: 中国水利水电出版社, 2010.

[30] You C Y, Han J H, Lee H W. Spin transfer torque and tunneling magnetoresistance dependences on finite bias voltages and insulator barrier energy[J]. Thin Solid Films, 2011, 519: 8247-8251.

[31] Feng J F, Feng G, Ma Q L, et al. Temperature dependence of inverted tunneling magneto-resistance in MgO-based magnetic tunnel junctions[J]. J. Magnetism Magnetic Mater., 2010, 322: 1446-1448.

[32] Zhao W S, Zhang Y, Devolder T, et al. Failure and reliability analysis of STT-MARM[J]. Microelectron. Reliab., 2012, 52: 1848-1852.

[33] Maheshwari A, Burleson W, Tessier R. Trading off transient fault tolerance and power consumption in deep submicron (DSM) VLSI circuits[J]. IEEE Trans. VLSI Syst., 2004, 12(3): 299-311.

[34] Hass K J, Donohoe G W, Hong Y K. SEU-resistant magnetic flip flops[A]. 12th NASA Symp. VLSI Des.[C]. Coeur d' Alene, Idaho, USA, 2005: 1-8.

[35] Lakys Y, Zhao W S, Klein J O, et al. Hardening techniques for MRAM-based non-volatile storage cells and logic[A]. 12th Europ. Conf. Rad. Its Effects Components Syst.[C]. Sevilla, Spain, 2011: 669-674.

[36] Elghefari M, McClure S. Radiation effects assessment of MRAM devices[R]. JPL publication 08-19, Pasadena California: California Institute of Technology, 2008.

[37] Banerjee T, Som T, Kanjilal D, et al. Effect of ion irradiation on the characteristics of magnetic tunnel junctions[J]. Europ. Phys. J. App. Phys., 2005, 32: 115-119.

[38] Nguyen D N, Irom F. Radiation effects on MRAM[A]. 9th Europ. Conf. Rad. Its Effects Components Syst.[C]. Deauville, France, 2007: 1-4.

[39] Fong X, Choday S H, Roy K. Bit-cell level optimization for non-volatile memories using magnetic tunnel junctions and spin-transfer torque switching[J]. IEEE Trans. Nanotechnology, 2012, 11(1): 172-181.

[40] Chatterjee S, Salahuddin S, Kumar S, et al. Impact of self-heating on reliability of a spin-torque-transfer RAM cell[J]. IEEE Trans. Electron Dev., 2012, 59(3): 791-799.

[41] Liu B J, Cai L, Yang X, et al. The impact of Miller and coupling effects on single event transient in logical circuits[J]. Microelectron. J., 2012, 43(1):63-68.

[42] Castet J F, Saleh J H. Beyond reliability, multi-state failure analysis of satellite subsystems: a statistical approach[J]. Reliab. Eng. Syst. Safety, 2010, 95: 311-322.

[43] Naseer R, Boulghassoul Y, Draper J, et al. Critical charge characterization for soft error rate modeling in 90nm SRAM[A]. Proc. IEEE Int. Symp. Circ. Syst.[C],2007: 1879-1882.

[44] Zhou Q, Mohanram K. Gate sizing to radiation harden combinational logic[J]. IEEE Trans. Comput.-Aided Des. Integ. Circ. Syst., 2006, 25(1): 155-166.

[45] Imre A, Csaba G, Ji L L, et al. Majority logic gate for magnetic quantum-dot cellular automata[J]. Science, 2006, 311(3578): 205-208.

[46] Alam M T, Siddiq M J, Bernstein G H, et al. On-chip clocking for nanomagnet logic devices[J].

IEEE Trans.Nanotechnol., 2010, 9(3): 348-351.

[47] Alam M T, Kurtz S J, Siddiq M J, et al. On-chip clocking of nanomagnet logic lines and gates[J]. IEEE Trans. Nanotechnol., 2012, 11(2): 273-285.

[48] Li P, Csaba G, Niemier M, et al. Power reduction in nanomagnet logic using high permeability dielectrics[J]. J. Appl. Phys., 2013, 113(17): 17B906.

[49] Atulasimha J, Bandyopadhyay S. Bennett clocking of nanomagnetic logic using multiferroic single-domain nanomagnets[J]. Appl. Phys. Lett., 2010, 97(17): 173105.

[50] Roy K, Bandyopadhyay S, Atulasimha J. Energy dissipation and switching delay in stress-induced switching of multiferroic nanomagnets in the presence of thermal fluctuations [J]. J. Appl. Phys., 2012, 112(2): 023914.

[51] Fashami M S, Munira K, Bandyopadhyay S, et al. Switching of dipole coupled multiferroic nanomagnets in the presence of thermal noise: reliability of nanomagnetic logic [J]. IEEE Trans. Nanotechnol., 2013, 12(6): 1206-1212.

[52] Bhowmik D, You L, Salahuddin S. Spin hall effect clocking of nanomagnetic logic without a magnetic field[J]. Nature Nanotechnol., 2013, 241: 1-5.

[53] Zhang M, Cai L, Yang X, et al. Low power on-chip clocking for nanomagnetic logic circuits[J]. Micro & Nano Lett., 2014, 9(10): 753-755.

[54] Stöhr J, Siegmann H C. Magnetism: From Fundamentals to Nanoscale Dynamics [M]. Beijing: Springer-Verlag, World Publishing Corporation, 2010: 68-79, 167, 637, 681-687.

[55] Yang X, Cai L, Huang H. et al. Characteristics of signal propagation in magnetic quantum cellular automata circuits[J]. Micro & Nano Lett., 2011, 6(6): 353-357.

[56] Ansoft Maxwell V12.1.http://www.ansoft.com/products/em/Maxwell.

[57] Donahue M J, Porter D G. OOMMF user's Guide, Version 1.0, Interagency Report NISTIR 6376. http://math.nist.gov/oommf.

第8章　量子元胞自动机实验制备

　　由于量子元胞自动机器件技术没有专用的集成互连引线，这意味着 QCA 逻辑门之间的信号传递仍然要通过器件或元胞连接来实现，因而 QCA 电路中的一个关键组件就是器件/元胞构成的互连线。实验制备出 QCA 互连线并清晰认识工艺参数的影响对于其大规模电路实现具有重要的现实意义。本章采用电子束平板印刷术、热蒸镀膜和剥离(Lift-off)工艺[1,2]来制备磁性量子元胞自动机(Magnetic Quantum Cellular Automata，MQCA)互连线结构。这里主要探讨两种典型的互连结构，即直线形式的互连线和弯曲形式的互连线。所获结论为临近空间抗辐射电路的实现开辟了重要的技术途径。

8.1　实验仪器和技术

1. 电子束平板印刷术系统[3]

　　纳米光刻技术在微纳电子器件制备和加工中起着关键作用，而电子束光刻在纳米光刻技术制作中是最好的方法之一。日本 CRESTEC 公司为 21 世纪先进纳米科技提供了尖端的电子束平板印刷术(EBL)系统，或称电子束直写和电子束曝光系统，如图 8.1 所示。

图 8.1　CABL-9000C 电子束光刻机

CABL-9000C 最小线宽可达 8nm，最小束斑直径 2nm，套刻精度 20nm（mean+2σ），拼接精度 20nm（mean+2σ）。此设备使用电子束作为束源，对电子束光刻胶进行曝光，使之发生交聚或者降解反应，再经过显影，在光刻胶上制作纳米结构。其优点在于可以根据设计版图，无须掩模版，利用电子束偏转系统，直接在光刻胶上制作高分辨率的纳米图形。

需要注意的是，尽管 CABL-9000C 设备指南中声明最小线宽可达 8nm，但在实际实验中很难达到这么小的尺寸，且图形总是发生些微膨胀。最可能的原因是匀胶工艺造成的厚度差异导致刻写不精确，再就是电子束刻写过程中也可能受到难以避免的轻微外界环境干扰。因此，本章实验中制备的纳磁体器件的尺寸大约为 100nm。此外，这个尺寸对剥离来说也相对容易一些。

2. 热蒸发镀膜设备

国产 ZHD-400 型高性能蒸发镀膜设备如图 8.2 所示，其真空系统为由主阀、分子泵、机械泵组成的高真空抽气系统，真空室为优质不锈钢腔室，含三对水冷蒸发电极。选用全新的工控机自控控制，具有真空度高、抽速快、基片装卸方便的特点，该设备用于实验中的镀膜工艺步骤。

图 8.2　ZHD-400 热蒸发镀膜机

3. 原子力显微表征技术

美国生产的 Innova 原子力显微镜具有非常强的灵活性，高性价比地满足各项科研的要求，该设备如图 8.3 所示。Innova 独一无二的闭环扫描线性化系统、卓越的设计及工艺确保测量精度以及接近于开环运行时的噪声水平。可以轻松地在 90μm

扫描管上实现原子级分辨率。还可进行气相和固体微结构测试，表面形貌、表面摩擦力影像分析，薄膜表面粗糙度检测。本实验中用到了 Innova 原子力显微镜的磁力扫描模式来进行电路测试。

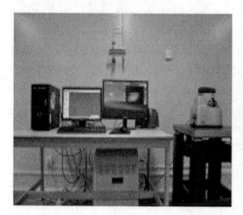

图 8.3　Innova 原子力显微镜

8.2　直线互连结构制备

8.2.1　实验参数的影响

首先，将一定浓度的 ZEP520A 抗蚀剂（正性光刻胶）溶解在氯苯中，获得配比为 1.7 的电子束胶。然后，利用旋涂法（一级转速 300r/min，二级转速 4000r/min）在单晶硅片上得到 200nm 厚的胶膜。为了去除 ZEP520A 胶膜中的残余溶剂、增加 ZEP520A 胶膜与衬底的黏附力，以及平整 ZEP520A 胶膜的表面，将旋涂胶膜的硅片在 180℃的热板上烘烤 3min。烘烤后，将硅片在 CABL-9000C 电子束光刻机上进行不同间距参数的 MQCA 直线互连图形曝光。采用的曝光加速电压为 30kV，曝光场尺寸为 120μm×120μm。曝光后，将硅片在显影液中进行常温显影 60s。显影后，利用异丙醇 IPA（Isopropyl Alcohol）对样品进行清洗以停止显影并去除曝光结构上的残余显影液。清洗后，用高纯氮气枪对样品进行干燥。以上所有的实验过程均在 1000 级以上超净间中完成。然后，对显影后的硅片进行热蒸镀膜实验，膜厚为 25nm，所用材料为镍铁合金软磁材料（具有很高的磁导率），镀膜室的真空度为 $1×10^{-4}$ Torr（1Torr = 1.333Pa）。注意，为了增加镍铁合金薄膜在硅片上的黏附度，在蒸镀磁性材料前预先在硅片上镀一层约 8nm 厚的钛。最后，在氯苯有机溶剂中对硅片进行剥离操作，时间为 4~5min。

实验制备的 MQCA 结构为 6 个纳磁体构成的非门和 29 个纳磁体构成的互连线，通过改变电子束束流和曝光时间等剂量参数来研究上述电路的制备。每个纳磁体器

件的 x-y 平面尺寸为 100nm×200nm，采用的电子束束流强度分别为 75pA 和 100pA，曝光剂量为 120μC/cm^2，而曝光时间在 0.36～0.41μs 之间变化。

在同一硅片上制备了三种不同间距(40nm、50nm 和 60nm)的 MQCA 非门(反相器)和互连线功能结构。曝光过程为：首先采用 75pA 的电子束束流进行制备实验，没有得到任何一组曝光图案。然后将电子束束流加大到 100pA 进行曝光实验，在一定的曝光时间下得到了有效的互连图案。不同曝光时间、不同间距下制备的结果如表 8.1 所示。其中图形未完全曝光或图形曝光后出现黏连，认为直线互连图案曝光"失败"；否则，认为直线互连曝光"成功"。

表 8.1 100pA 束流下不同曝光时间的图案转移结果

间距	0.36μs	0.37μs	0.38μs	0.39μs	0.40μs	0.41μs
40nm	失败	失败	成功	失败	失败	失败
50nm	失败	失败	成功	成功	失败	失败
60nm	失败	失败	成功	成功	失败	失败

从表 8.1 可见，当剂量为 100pA 束流和 0.38μs 曝光时间时，成功制备出三种不同间距的 MQCA 直线互连结构。这三种不同间距 MQCA 非门和互连线的扫描电子显微 (Scanning Electron Microscopy，SEM) 图像如图 8.4～图 8.6 所示(其中左图为非门，右图为互连线)，图中水平放置的纳磁体表示输入。通过分析这些结果可以发现曝光时间严重影响 MQCA 互连的图形转移效果，小的和大的曝光时间均不能获得需要的图像[4]。这是因为曝光时间少导致图形未完全曝光，不能获得显影图像；而大的曝光时间虽有利于曝光图案的转移，但容易引起 MQCA 器件间发生黏连，同样不能获得正确的结果。

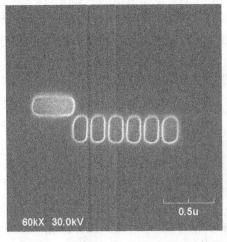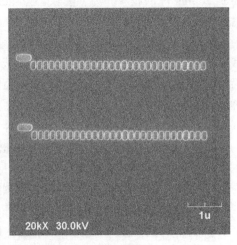

图 8.4 间距为 40nm 的非门和互连线结构的 SEM 图像

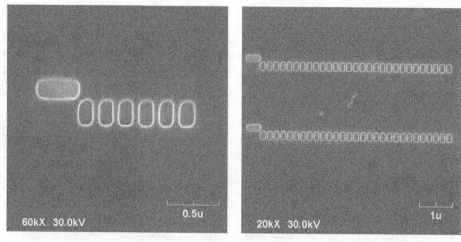

图 8.5　间距为 50nm 的非门和互连线结构的 SEM 图像

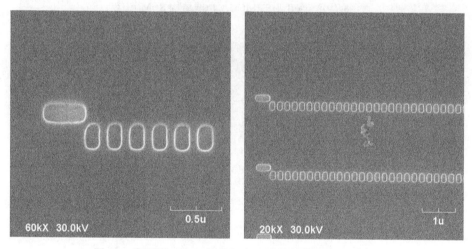

图 8.6　间距为 60nm 的非门和互连线结构的 SEM 图像

8.2.2　测试结果

对形成的功能结构图案进行镀膜和剥离工艺后的 SEM 图像如图 8.7 所示，选取的图像为 60nm 间距(0.38μs 曝光时间)的非门和互连线功能结构。从图 8.7 可见，剥离工艺成功得到了非门和互连线这两种互连结构。同时，图 8.8 给出 0.41μs 曝光时间下 MQCA 互连结构剥离后(60nm 间距)的 SEM 图像。从图 8.8 可见，尽管更长的曝光时间有助于图案的产生，但纳磁体阵列却发生黏连，这也进一步证实大剂量曝光不能产生正确图案的结论。

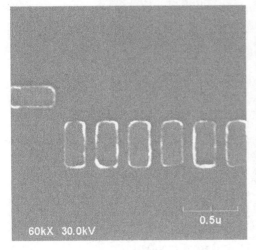 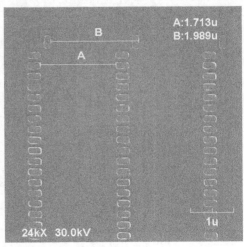

(a) 非门　　　　　　　　　　　　　　　(b) 互连线

图 8.7　Lift-off 后的 MQCA 功能结构 SEM 图像

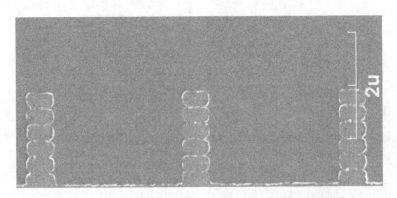

图 8.8　Lift-off 后发生黏连的 MQCA 功能结构 SEM 图像

　　为了对制备的 MQCA 直线互连进行磁力显微图像(Magnetic Force Microscopy，MFM)测试，需要对硅样片外加磁场(时钟)使片上所有纳磁体偏置到空态，这样来自阵列左端纳磁体的输入信号就会在阵列中得到有效传递。书中采用 HL-6 型霍尔效应仪来完成外加时钟的操作。实验过程为：将硅样片放入霍尔效应仪产生的 100mT 恒定磁场中，然后逐渐减小励磁电流到 0(磁场也逐步减小到 0)。由于恒定磁场使所有纳磁体被磁化到亚稳态，因而当外加磁场减小时，它们将被顺序磁化到基态。采用磁力显微镜对硅样片进行测试，观察到的磁力显微图像如图 8.9 所示。特别地，这里标出非门的磁化指向如图 8.9(a)所示(图中箭头指向所示)，从图 8.9(a)中观察到反铁磁耦合现象，因而制备的结构实现了直线形式互连形成的非门的功能。

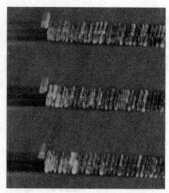

(a) 非门　　　　　　　　　　　　　　(b) 互连线

图 8.9　MQCA 互连结构的 MFM 结果

8.3　拐角互连结构制备

8.3.1　拐角互连模拟

拐角结构是一种非常关键的 MQCA 电路，它可实现不同逻辑门的互连、信号传递方向的变换和信号分发功能，类似于 CMOS 技术中的弯曲铜导线。然而，不像传统技术中弯曲导线和直导线具有相同的信号传递机理，MQCA 拐角结构呈现出两个重要的特征：它既是一种同时含有铁磁耦合和反铁磁耦合两种耦合方式的功能结构，而铁磁耦合和反铁磁耦合的机理不同；它还是一种不对称的纳磁体功能结构，单方向的纳磁体杂散场可能对其操作产生影响。不同于扇出结构，因而有必要对其进行深入研究。此外，尽管文献[5]理论研究了拐角结构的构建和模拟，但那里考虑的纳磁体数很少(仅有 3 个纳磁体构成的两种耦合)，同时该结构将一个纳磁体器件分成两个更小的器件，并借助辅助纳磁体来完成信号的传递和转换，因而设计和加工(严重依赖器件形状)均极其困难。目前还未见有对非对称 MQCA 拐角功能结构的实验报道。

为了研究多个纳磁体构成的铁磁耦合和反铁磁耦合拐角结构的信号传递是否可靠，设计了图 8.10 所示的含有冗长纳磁体的 MQCA 拐角互连结构[6]。运用磁学计算软件进行磁化动态的模拟并制备该功能结构，结果显示了正确的功能。这些理论和实验研究结果既丰富了 MQCA 基本逻辑结构库，也有助于大规模纳磁体混合耦合的不对称电路结构的实验实现。

该电路结构包含两条信息传输路径，即水平方向 5 个纳磁体构成的反铁磁耦合区域(实线方框所示)和垂直方向 6 个纳磁体构成的铁磁耦合区域(虚线方框所示)。这个结构的目的是完成将纳磁体 I 或纳磁体 1 包含的信息传递到纳磁体 O 的任务,从而实现信息转移和传递方向的变换。图 8.10 中,拐角结构的最左端含有一水平放置的偏置纳磁体 I,该器件的作用是用于设定输入纳磁体 1 的初态;O 为输出纳磁体;两条传输路径共用转角纳磁体 T。这个拐角结构具有下面两个特点:一是两条耦合路径中都含有 3 个以上的纳磁体;二是两种耦合方式的结合处(纳磁体 T)是非对称点,因为该结构上部没有铁磁耦合区域。

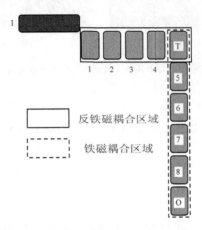

图 8.10　MQCA 拐角电路结构

为了研究这种拐角结构的信号传递,运用 OOMMF 软件[7]对该结构进行功能模拟。选用铸铁磁性材料[8]来构成 MQCA 器件,该材料的参数为:饱和磁化 $M_s = 17 \times 10^5$A/m,交换作用常数 $A = 21 \times 10^{-12}$J/m,各向异性参数 $K_1 = 2.8 \times 10^5$J/m^3,阻尼系数 $\alpha = 0.5$。纳磁体 I 的 x-y 平面尺寸为 350nm×100nm,其他器件的尺寸为 100nm×200nm。模拟时对拐角结构运用一向右的时钟场,则所有纳磁体的磁化指向均朝右。此时偏置纳磁体 I 将会磁化纳磁体 1 到逻辑 "0" 态,接下来观察信号在拐角结构中的传递情况。

图 8.11 给出铸铁纳磁体拐角结构的 OOMMF 磁化状态演化图。图 8.11(a)所示为向右时钟场作用后的初态。图 8.11(b)中,偏置纳磁体预置输入。图 8.11(c)中,逻辑"0"态通过反铁磁耦合作用到纳磁体 2,纳磁体 2 呈现出逻辑"1"态。图 8.11(d)~(f)中,信号通过三次反铁磁耦合成功传递到转角纳磁体 T。转角纳磁体 T 是一个拐点,由于纳磁体 4 的对角效应影响,T 通常很难翻转纳磁体 5。但这里选用铸铁磁性材料来实现纳磁体器件,其极大的交换常数确保了 T 的强驱动作用。因而从图 8.11(g)中观察到了成功的第一级铁磁耦合信号传递。接下来,拐角结构将通过四次铁磁耦合作用,最后在纳磁体 O 中成功得到了输入逻辑 "0" 态。从图 8.11 可见,纳磁体拐

角结构的磁化演化图清晰地表明没有任一个纳磁体在其前端的驱动纳磁体被转换之前发生翻转，信号得到了顺序的传递。我们进一步萃取了两个特殊位置纳磁体的磁化率随时间变化的曲线，如图 8.12 所示，纵轴为归一化磁化。从图 8.12 可见，输出纳磁体 O 确实后于转角纳磁体 T 的转换，大约延时 1.75ns，但信号表现出了正确的前向传递。

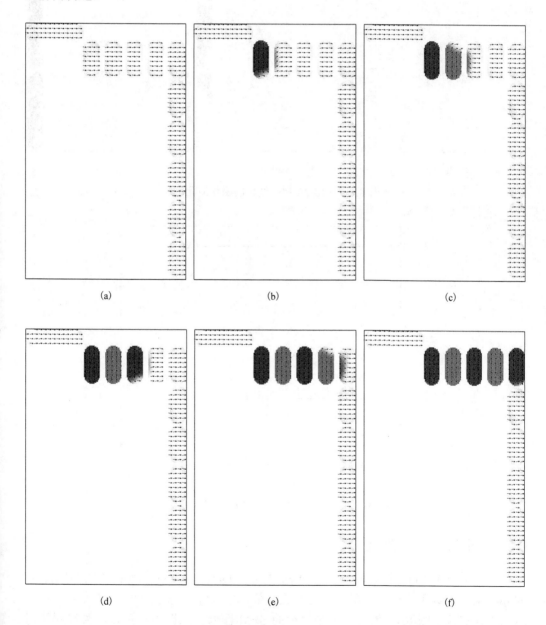

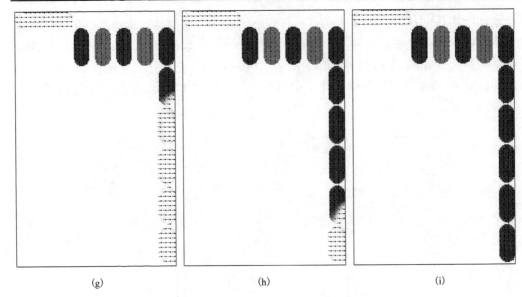

图 8.11　MQCA 拐角结构的磁化演化图

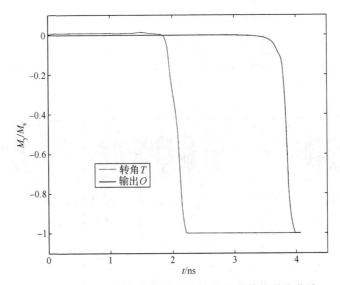

图 8.12　MQCA 拐角结构转角和输出纳磁体的磁化曲线

8.3.2　实验制备和测试

制备的拐角结构中纳磁体的平面尺寸为 100nm×200nm，纳磁体间的间距为 50nm。采用 8.2 节研究中获得的优化实验参数，即 100pA 电子束束流和 0.38μs 曝光时间进行实验，图 8.13 为电子束刻写后的 SEM 图像。从图中可见，实验得到了拐角结构的图像。注意，拐角结构的最左端含有一水平放置的纳磁体，该器件用于设定逻辑信号的初态。

热蒸镀膜和剥离后的拐角 SEM 图像结果如图 8.14 所示。该图像清晰地描述出了拐角功能结构，水平排列纳磁体和垂直排列纳磁体的结构比较完整，未出现丢失纳磁体的缺陷，可有效用于下一步的测试。

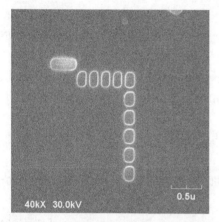
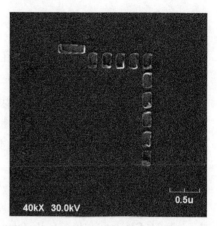

图 8.13　EBL 后的拐角结构 SEM 图像　　　　图 8.14　镀膜并剥离后的拐角结构 SEM 图像

使用磁力显微图对制备的 MQCA 拐角功能结构进行测试。为了完成这个过程，需要应用时钟将拐角结构中所有纳磁体偏置到空态，这样来自拐角最左端水平纳磁体的输入信号才会得到有效传递。同样，采用 HL-6 型霍尔效应仪来完成上述工艺。具体实验过程为：将电路结构置于霍尔效应仪产生的 100mT 恒定场中，然后逐渐减小励磁电流到 0。由于恒定场磁化所有 MQCA 器件到亚稳态，即磁化指向朝右，因而当外加时钟减小时，水平输入纳磁体将首先磁化纳磁体 1，从而将逻辑"0"写入拐角互连结构。而后，后续所有纳磁体将被磁偶极子作用顺序翻转到基态。采用磁力显微镜对硅样片电路进行测试，观察到的磁力显微图像(MFM)如图 8.15 所示。

图 8.15　非对称耦合的 MQCA 拐角结构 MFM 图像

为了清晰起见，用箭头标出拐角功能结构中每个器件的磁化指向。从图 8.15 的测试结果中观察到了完美的铁磁耦合和反铁磁耦合两种机能现象，因而制备的拐角结构成功实现了信号传递方向的变化并展示出了正确的拐角结构功能。

参 考 文 献

[1] Hu W, Sarveswaran K, Lieberman M, et al. High resolution electron beam lithography and DNA nano-patterning for molecular QCA[J]. IEEE Trans. Nanotechnol., 2005, 4(3): 312-316.

[2] Park Y D, Jung K B, Overberg M, et al. Comparative study of Ni nanowires patterned by electron-beam lithography and fabricated by lift-off and dry etching techniques[J]. J. Vac. Sci. Technol. B, 2000, 18(1): 16-20.

[3] 杨晓阔. 量子元胞自动机可靠性和耦合功能结构实现研究[D]. 西安: 空军工程大学博士学位论文, 2012.

[4] 杨晓阔, 蔡理, 王久洪, 等. 磁性量子元胞自动机功能阵列的实验研究[J]. 物理学报, 2012, 61(4): 047502-1~6.

[5] Niemier M, Dingler A, Hu X S. Bridging the gap between nanomagnetic devices and circuits[A]. Proceedings of 26th IEEE International Conference on Computer Design[C], 2008: 506-513.

[6] 杨晓阔, 蔡理, 康强, 等. 磁性量子元胞自动机拐角结构的理论模拟和实验[J]. 物理学报, 2012, 61(9): 097503-1~6.

[7] Donahue M J, Porter D G. OOMMF user's Guide, Version 1.0, Interagency Report NISTIR 6376. http://math.nist.gov/oommf.

[8] Dao N, Homer S R, Whittenburg S L. Micromagnetics simulation of nanoshaped iron elements: comparison with experiment[J]. J. Appl. Phys., 1999, 86(6): 3262-3264.

附　　录

五输入择多逻辑门的概率转移矩阵如附表 1 所示。

附表 1　五输入择多逻辑门的概率转移矩阵

输　入	输　出		输　入	输　出	
	0	1		0	1
00000	p_3	q_3	10000	p_3	q_3
00001	p_3	q_3	10001	p_3	q_3
00010	p_3	q_3	10010	p_3	q_3
00011	p_3	q_3	10011	q_3	p_3
00100	p_3	q_3	10100	p_3	q_3
00101	p_3	q_3	10101	q_3	p_3
00110	p_3	q_3	10110	q_3	p_3
00111	q_3	p_3	10111	q_3	p_3
01000	p_3	q_3	11000	p_3	q_3
01001	p_3	q_3	11001	q_3	p_3
01010	p_3	q_3	11010	q_3	p_3
01011	q_3	p_3	11011	q_3	p_3
01100	p_3	q_3	11100	q_3	p_3
01101	q_3	p_3	11101	q_3	p_3
01110	q_3	p_3	11110	q_3	p_3
01111	q_3	p_3	11111	q_3	p_3

设矩阵 $A = \begin{bmatrix} a_{11} & a_{12} \\ a_{21} & a_{22} \end{bmatrix}$，矩阵 $B = \begin{bmatrix} b_{11} & b_{12} \\ b_{21} & b_{22} \end{bmatrix}$，则二者的张量积(Kronecker)为

$$A \otimes B = \begin{bmatrix} a_{11}B & a_{12}B \\ a_{21}B & a_{22}B \end{bmatrix} = \begin{bmatrix} a_{11}b_{11} & a_{11}b_{12} & a_{12}b_{11} & a_{12}b_{12} \\ a_{11}b_{21} & a_{11}b_{22} & a_{12}b_{21} & a_{12}b_{22} \\ a_{21}b_{11} & a_{21}b_{12} & a_{22}b_{11} & a_{22}b_{12} \\ a_{21}b_{21} & a_{21}b_{22} & a_{22}b_{21} & a_{22}b_{22} \end{bmatrix}$$

张量积具有以下性质：

（1）对于矩阵 $A_{m \times n}$ 和 $B_{p \times q}$，一般有

$$A \otimes B \neq B \otimes A$$

（2）任意矩阵与零矩阵的张量积等于零矩阵，即

$$A \otimes 0 = 0 \otimes A = 0$$

（3）若 α 和 β 为常数，则

$$\alpha A \otimes \beta B = \alpha\beta(A \otimes B)$$

（4）对于矩阵 $A_{m \times n}$，$B_{n \times k}$，$C_{l \times p}$，$D_{p \times q}$，有

$$AB \otimes CD = (A \otimes C)(B \otimes D)$$

（5）对于矩阵 $A_{m \times n}$，$B_{p \times q}$，$C_{p \times q}$，有

$$A \otimes (B \pm C) = A \otimes B \pm A \otimes C，\quad (B \pm C) \otimes A = B \otimes A \pm C \otimes A$$

（6）对于矩阵 $A_{m \times n}$，$B_{p \times q}$，有

$$(A \otimes B)^{\mathrm{T}} = A^{\mathrm{T}} \otimes B^{\mathrm{T}}，\quad (A \otimes B)^{\mathrm{H}} = A^{\mathrm{H}} \otimes B^{\mathrm{H}}$$

（7）对于矩阵 $A_{m \times n}$，$B_{k \times l}$，$C_{p \times q}$，$D_{r \times s}$，有

$$(A \otimes B) \otimes (C \otimes D) = A \otimes B \otimes C \otimes D$$

（8）对于矩阵 $A_{m \times n}$，$B_{p \times q}$，$C_{k \times l}$，有

$$(A \otimes B) \otimes C = A \otimes (B \otimes C)$$

（9）对于矩阵 $A_{m \times n}$，$B_{p \times q}$，$C_{n \times r}$，$D_{q \times s}$，有

$$(A \otimes B)(C \otimes D) = AC \otimes BD$$

更一般地，有

$$\prod_{i=1}^{N}[A(i) \otimes B(i)] = \otimes\left[\prod_{i=1}^{N}A(i)\right]\left[\prod_{i=1}^{N}B(i)\right]$$

$$\left[\mathop{\otimes}\limits_{i=1}^{N}A(i)\right]\left[\mathop{\otimes}\limits_{i=1}^{N}B(i)\right] = \mathop{\otimes}\limits_{i=1}^{N}A(i)B(i)$$

典型图片展示

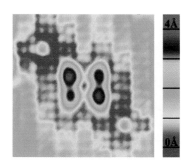

图 1.1　硅原子摇摆键 EQCA 元胞

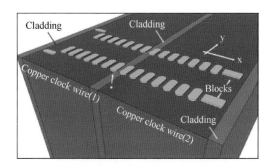

图 1.2　QCA 无线片上集成电路的示意图

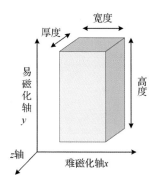

图 2.6　MQCA 器件

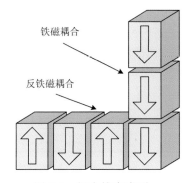

图 2.8　耦合排序类型

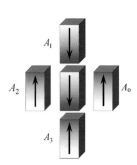

图 2.17　MQCA 择多逻辑门

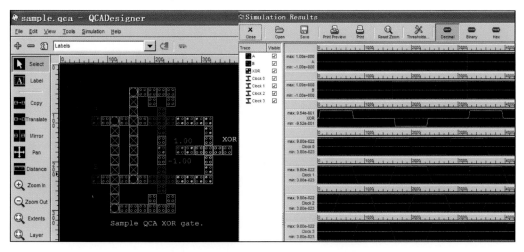

图 2.18　QCADesigner 软件仿真界面

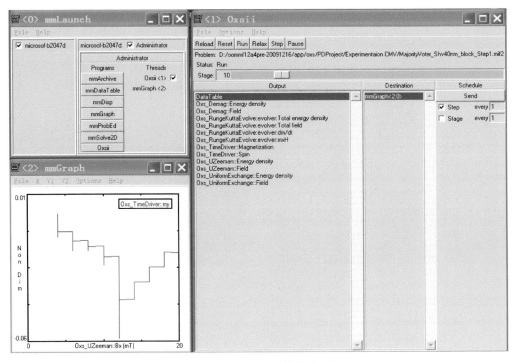

图 2.19　OOMMF 软件仿真界面

图 2.21　磁性结构

图 3.17　器件各组成元件对器件整体正确概率的影响　图 3.25　设计的流水线 MQCA 全加器电路版图

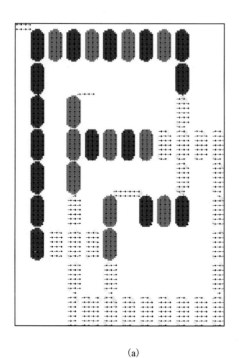

(a)

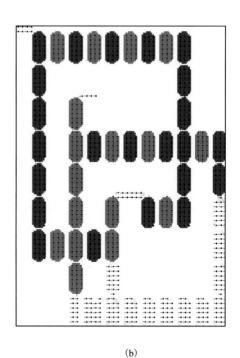

(b)

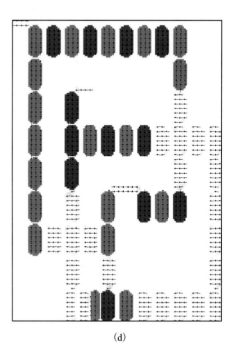

(c)

(d)

图 3.27　流水线 MQCA 全加器仿真结果 (A=0，B=1 和 C_{in}=1)

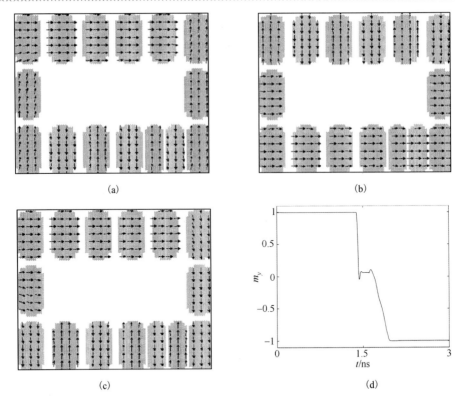

(a)　　　　　　　　　　　　　　　(b)

(c)　　　　　　　　　　　　　　　(d)

图 3.50　信号反馈结构 1 和环形振荡器的试验结果

(a)～(c)OOMMF 模拟的环形振荡器磁化状态随时间的演化图；(d)输出纳磁体 O 的振荡曲线

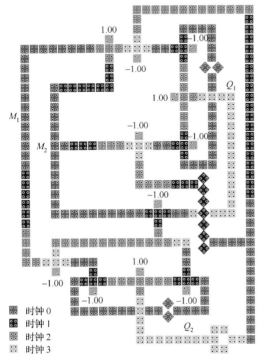

时钟 0
时钟 1
时钟 2
时钟 3

图 3.33　提出的两位模可变计数器版图

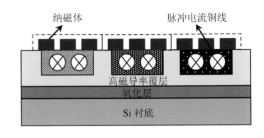

纳磁体　　　　　　脉冲电流铜线

高磁导率覆层
氧化层
Si 衬底

图 4.16　一种物理可行的三相位流水线时钟线路实现

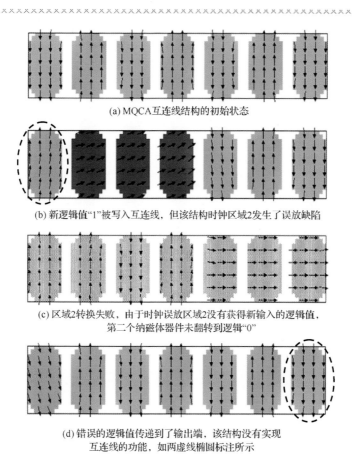

(a) MQCA互连线结构的初始状态

(b) 新逻辑值"1"被写入互连线，但该结构时钟区域2发生了误放缺陷

(c) 区域2转换失败，由于时钟误放区域2没有获得新输入的逻辑值，
第二个纳磁体器件未翻转到逻辑"0"

(d) 错误的逻辑值传递到了输出端，该结构没有实现
互连线的功能，如两虚线椭圆圈标注所示

图 4.21   流水线 MQCA 线结构时钟误放时信号传递的失败过程

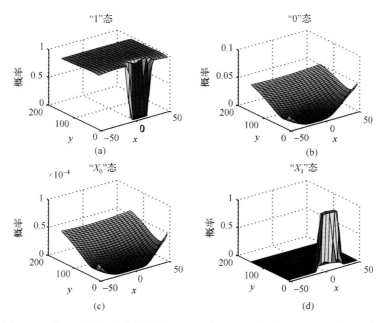

图 6.28   背景电荷在传输线上方、输入为 "1" 时目标元胞处于各态的概率

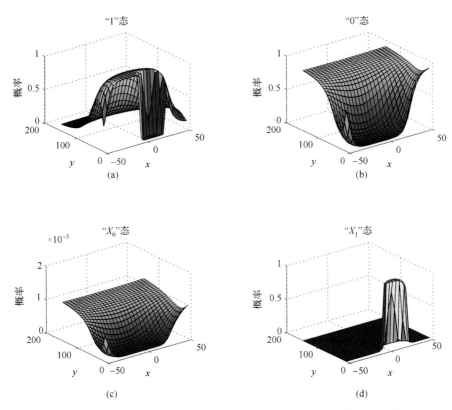

图 6.29 背景电荷在传输线上方、输入为"0"时目标元胞处于各态的概率

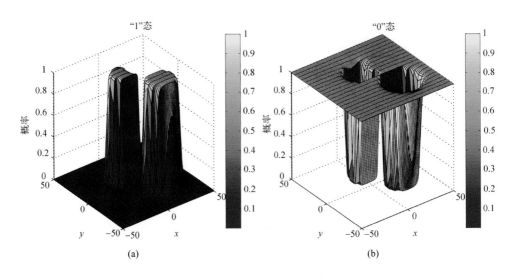

图 6.34 背景电荷对水平传输线的影响仿真结果

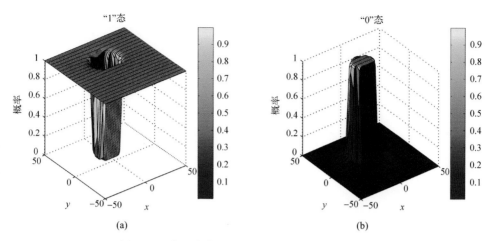

图 6.37　背景电荷对水平反相器的影响仿真结果

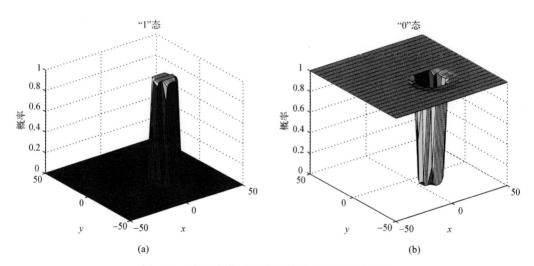

图 6.40　背景电荷对竖直传输线的影响仿真结果

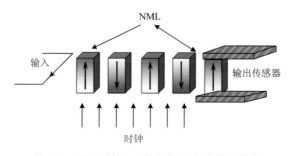

图 7.1　NML 输入、输出接口电路的示意图

(a) 平行状态(低电阻)　　　(b) 反平行状态(高电阻)

图 7.2　MTJ 结构

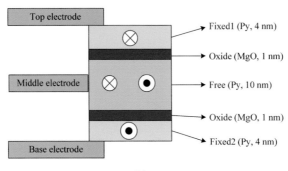

(a) RIC1

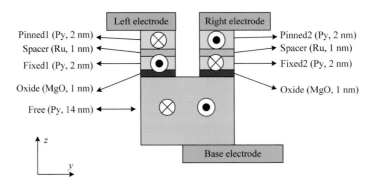

(b) RIC2

图 7.3　提出的 NML 数据读出接口电路的切面结构示意图

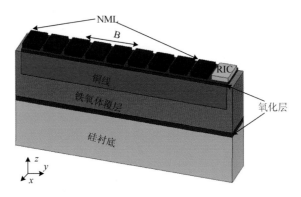

图 7.4　RIC1 和 RIC2 的片上时钟结构截面图

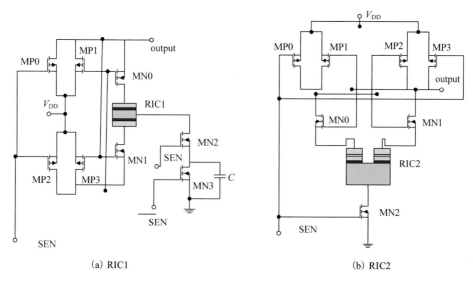

(a) RIC1

(b) RIC2

图 7.5　电信号输出电路示意图

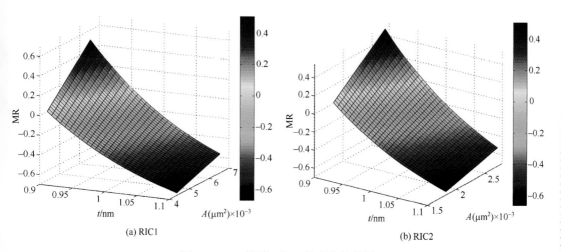

(a) RIC1

(b) RIC2

图 7.7　MR 值随 t 和 A 的变化趋势图

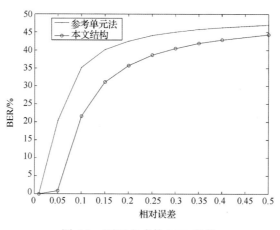

图 7.8　不同方式的 BER 比较

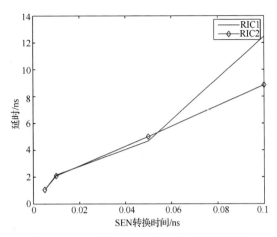

图 7.11　延时随 SEN 转换时间的变化关系

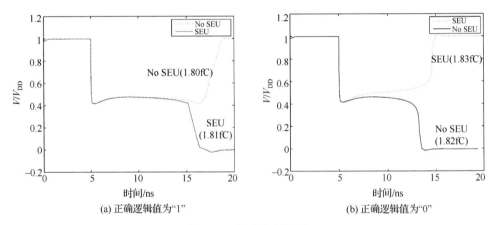

(a) 正确逻辑值为"1"

(b) 正确逻辑值为"0"

图 7.12　输出电压波形

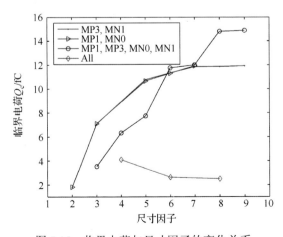

图 7.15　临界电荷与尺寸因子的变化关系

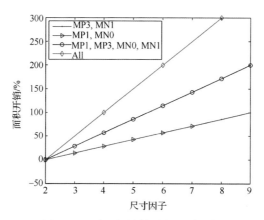

图 7.16　不同方法的面积开销比较

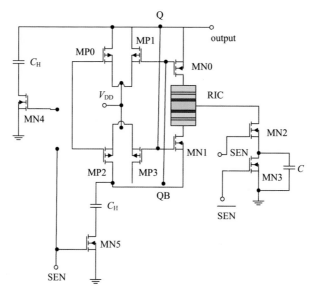

图 7.17　负载电容加固的电路图

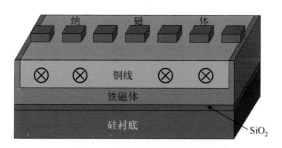

图 7.19　轭式时钟结构示意图

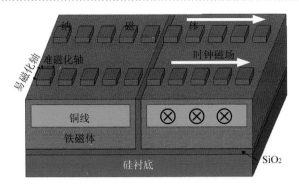

图 7.20　环状铁磁体覆层片上时钟结构示意图

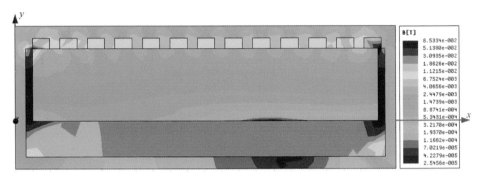

(a) 轭式时钟

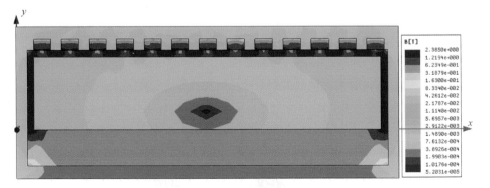

(b) 环状时钟

图 7.21　两种时钟结构截面磁感应强度分布的仿真结果

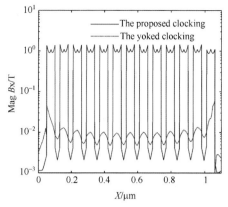

(a) 两种时钟结构仿真结果对比

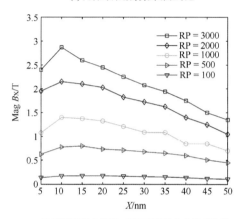

(b) 不同参数条件下，环状时钟结构的仿真结果

图 7.22　Maxwell 仿真结果

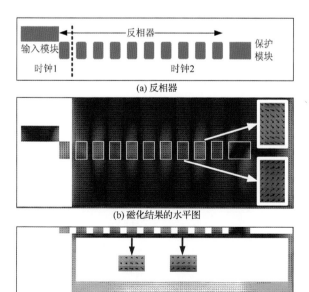

(a) 反相器

(b) 磁化结果的水平图

(c) 磁化结果的侧视图

图 7.23　环状时钟上反相器的微磁仿真结果

图 8.1　CABL-9000C 电子束光刻机

图 8.2　ZHD-400 热蒸发镀膜机

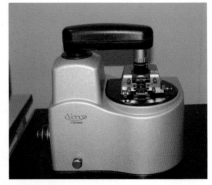

图 8.3　Innova 原子力显微镜

(a) 非门

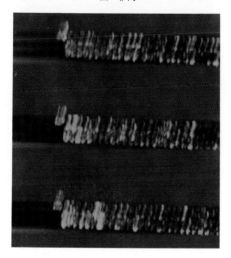

(b) 互连线

图 8.9　MQCA 互连结构的 MFM 结果

图 8.15　非对称耦合的 MQCA 拐角结构 MFM 图像

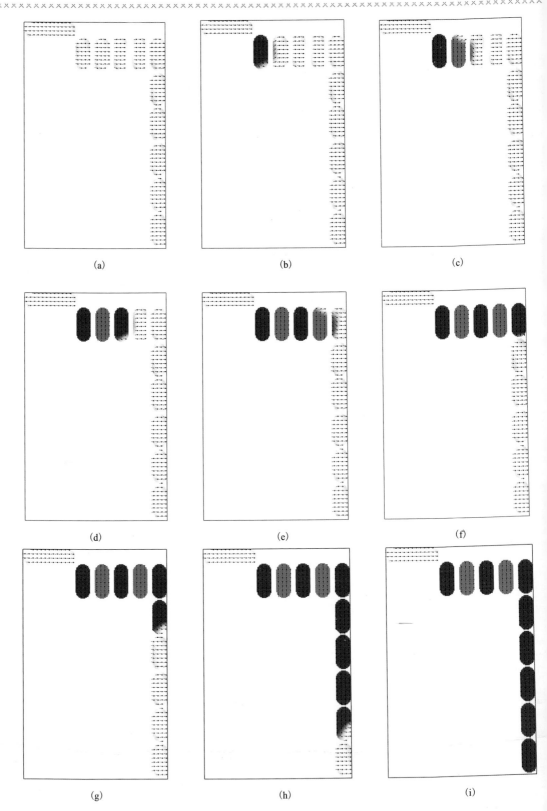

图 8.11　MQCA 拐角结构的磁化演化图